月の地形
観察ガイド

Geographical Features
Watching Guide of
THE MOON

白 尾 元 理

誠文堂新光社

はじめに

　私が小さな望遠鏡で月の写真を撮り始めたのは小学校5年のときだから, 50年以上も月を撮っていることになる. 望遠鏡やカメラの性能が良くなるにしたがって, 少しずつではあるが, 今まで写らなかった地形が写るようになってきた. これは長年月を撮影してきた中での楽しみのひとつだ.

　月は毎日のように見えているが, 大気の揺れの少ない, 月面の細部が鮮明に見えるときは稀にしか訪れない. そんなチャンスを待って, 望遠鏡の接眼レンズの向こうに広がる鮮明な月面が見えたときの喜びは格別だ. そのような好機に撮影した写真をもとに月の地形を案内した本が, 2009年に出版した『月の地形ウオッチングガイド』である.

　最近10年は, 1枚の画像を得るために, 動画で撮影した1000枚ほどの画像をパソコンで画像処理することによって, 大気の揺れが多少あっても鮮明な画像を得られるイメージスタッキング法が一般化してきた. 本書は『月の地形ウオッチングガイド』の写真を, イメージスタッキング法で得られた鮮明な画像に大幅に差し替え, また新たに周辺部, アメリカの月探査機ルナー・リコナイサンス・オービターから撮られた裏側の画像を加え, 増補改訂したものである.

空にぽっかりと浮かぶ月の地形のでき方を，望遠鏡で眺めながら最初に考えたのはガリレオで，400年も前のことだ．以来多くの科学者が月の謎解きに挑み，50年前のアポロ計画によって私たちの月についての知識は飛躍的に増加した．

　このような知識をもって本書の写真を眺めると，月の地形のでき方や月の40億年の歴史がおもしろいようにわかってくる．さらには地球では失われてしまった，40億年前の原始地球の様子を知る手がかりも月には秘められている．そのヒントになるような解説も入れたつもりである．

　50年前には口径20cmの望遠鏡は高価で羨望の的であったが，最近では安価で高性能な同クラスの望遠鏡も入手しやすくなった．本書をきっかけとして，実際にこのような望遠鏡で月を眺めるのもよいし，Webサイトから月探査機によって得られた画像を眺めるのもよいだろう．

　月の楽しみ方もさまざまである．本書がその手がかりとなれば幸いである．

2018年7月　**白尾元理**

本書で使用した写真は，35cm反射赤道儀に一眼レフカメラのキヤノンEOS 5シリーズ，CMOSカメラのZWO ASI183の組み合わせで撮影したものです．

COTENTS

はじめに‥‥‥‥‥‥‥‥‥ *2*

この本の読み方‥‥‥‥‥‥ *6*

● 月齢順観察ガイド

月齢3‥‥‥‥‥‥‥‥‥‥ *8*

地球照を見る‥‥‥‥‥‥ *10*

月齢5‥‥‥‥‥‥‥‥‥ *14*

月齢6‥‥‥‥‥‥‥‥‥ *18*

上弦‥‥‥‥‥‥‥‥‥‥ *22*

月齢9‥‥‥‥‥‥‥‥‥ *26*

月齢10‥‥‥‥‥‥‥‥ *30*

満月‥‥‥‥‥‥‥‥‥‥ *34*

月齢17‥‥‥‥‥‥‥‥ *38*

月齢19‥‥‥‥‥‥‥‥ *42*

下弦‥‥‥‥‥‥‥‥‥‥ *46*

月齢24‥‥‥‥‥‥‥‥ *50*

皆既月食‥‥‥‥‥‥‥‥ *54*

● エリア別観察ガイド

コペルニクス‥‥‥‥‥‥ *60*

南部の高地‥‥‥‥‥‥‥ *64*

地形の新旧を調べる‥‥‥ *68*

雨の海の溶岩流を見る‥‥ *72*

晴れの海‥‥‥‥‥‥‥‥ *76*

中央クレーター列‥‥‥‥ *80*

神酒の海‥‥‥‥‥‥‥‥ *84*

湿りの海‥‥‥‥‥‥‥‥ *88*

危機の海‥‥‥‥‥‥‥‥ *92*

静かの海東部‥‥‥‥‥‥ *96*

静かの海西部‥‥‥‥‥ *100*

豊かの海‥‥‥‥‥‥‥ *104*

雲の海‥‥‥‥‥‥‥‥ *108*

中央の入江‥‥‥‥‥‥ *112*

嵐の大洋‥‥‥‥‥‥‥ *116*

アリスタルコス台地‥‥‥‥‥ *120*

ケプラー〜コペルニクス間のドーム

‥‥‥‥‥‥‥‥‥‥ *124*

マリウス丘‥‥‥‥‥‥ *128*

南東部の高地‥‥‥‥‥ *132*

中南部の高地………………… 136

中央部の高地………………… 140

南西部の高地………………… 144

氷の海………………………… 148

オリエンタレベイスン………… 152

東の周辺部…………………… 156

月面図（表）………………… 160

月面図（裏）………………… 162

月面の標高図（表）………… 164

月面の標高図（裏）………… 165

月面を楽しむための望遠鏡……… 166

LROで楽しむ月の名所………… 168

エリア別索引図……………… 170

用語索引……………………… 172

地形索引……………………… 173

Column

細い月を見る……………………… 13

双眼鏡で月を見る………………… 17

月の満ち欠け……………………… 21

月の正中高度

—夏の満月は低く，冬の満月は高い……… 25

望遠鏡で見るときに使いやすい月面図

……………………… 29

月球儀KAGUYA…………………… 33

月の北は上，それとも下………… 41

月の東西…………………………… 45

月の首振り運動…………………… 49

月のどこが欠けているの?……… 63

クレーターとは?………………… 67

月の時代区分……………………… 71

地球の溶岩流も見てみよう……… 75

アポロ以前の月地図を見る……… 83

月のベイスンの年代……………… 87

クレーターの名前を付けたのは誰?…… 91

月の地名の付け方………………… 95

月の地名の読み方………………… 99

ルナー・リコナイサンス・オービター

（LRO）………………………… 107

月の海が増えた!………………… 111

クレーターや山の影を見る……… 115

月の縦穴は月面基地に最適?…… 119

LTP（月の異常現象）…………… 123

月のドームは小型盾状火山……… 127

スコリア丘とは…………………… 131

観測の敵，シーイング…………… 135

月を見るための接眼レンズ……… 139

アポロの本を楽しむ……………… 143

この本の読み方

本書は，前半の「月齢順観察ガイド」と後半の「エリア別観察ガイド」の2部構成になっています．

「月齢順観察ガイド」

月全体の写真を使い，その月齢のときに望遠鏡で見たさまざまな地形の位置や特徴がざっとわかるようになっています．地形は満月前と満月後の2回見ることができます．たとえば上弦と下弦では欠け際にほぼ同じ地形を見ることができます．したがって欠け際の位置が似ているページの解説にも目を通してください．月全体の写真では，写真が小さすぎて詳しく解説している地形の詳細がわからないことがあります．その際には170ページのエリア別索引図を利用して，大きな写真で見てください．

「エリア別観察ガイド」

月の地域ごとに解説したページです．見たい地域が決まっている場合には，170ページの索引図から調べてください．「エリア別観察ガイド」では各地形の説明のほかに，その地域を特徴づける地質について詳しく解説しました．月の基本地形であるクレーターやベイスン，時代の区分方法などは60〜87ページに書きました．このページを最初に読むと月の地質学が理解しやすいようになっています．

巻末では，月全体がわかりやすいように表側・裏側の月面図や標高図，Webサイトなどを紹介してあります．

月齢順

観察ガイド

月齢3
日没後,すぐに沈んでしまう月

　旧暦で1日とは新月(太陽と月がほぼ同じ方向になるとき,正確にいうと太陽と月の黄経が同じになるとき)を含む日のことです.月齢は新月からの日数ですから,旧暦の日付から1を引いた数字がその日の月齢となります.三日月は,月齢2の月のことで糸のように細い月です.月齢3の月は四日月で,このくらいが普通の人が思う三日月でしょう.日没後,空が暗くなってから1時間程度で沈んでしまうので,大きなクレーターをざっと見るぐらいしかできません.

おぼえておきたい月の名所(北から南へ)

●**危機の海**　地球からは南北に長い海に見えるが,実際には東西500km・南北400kmの楕円形の海.このように欠け際にあると巨大なクレーターのように見える.

●**スミス海**　中心は東経87°E・2°Sにあり,秤動(→49ページ)によって見え隠れする.名前は19世紀の英国の天文学者ウイリアム・ヘンリー・スミスにちなむもので,海に人名が付くのはめずらしい.

●**ラングレヌス**(直径132km)　コペルニクスを一回り大きくしたようなクレーター.光条や2次クレーターもあるが,コペルニクスよりは目立たない.

●**ペタビウス**(177km)　ラングレヌスよりも一回り大きく,やや古いクレーター.中央丘からの放射状の谷や階段状の内壁がみごと.

●**フンボルト**(199km)　フンボルト海と同じ名前だが別人.こちらは同じドイツ人でも言語学者のウィルヘルム・フォン・フンボルト(1767-1835)にちなんだもの.月の縁の81°E・27°Sにあって非常に見にくいが,クレーターの内部には中心から放射状に広がる谷と同心円状に取りまく谷がある.

●**フルネリウス**(135km)　大型だが古いクレーターで,内部は溶岩で覆われ,フルネリウス谷(長さ50km)がある.

地球照を見る
新しい月に抱かれた古い月

地球照とはほぼ「満地球」の照り返し

　地球照は,地球の照り返しが月の夜の部分にあたってぼんやりと見える現象です.西洋では昔から「新しい月に抱かれた古い月」(the old moon in the new moon's arms)といわれています.

　月から見ると,地球が満月ならぬ「満地球」のときがもっとも地球照は明るいはずです.月から見る満地球はどのくらい明るいのでしょうか.月から見る地球は,地球から見る月の4倍の大きさがあるので,面積は16倍になります.月には暗い海と明るい高地がありますが,海の反射率は5〜8％程度,高地の反射率は10〜20％程度です.

　一方,地球の表面は,海,砂漠,森林,雪原,雲などに覆われています.反射率は雲や雪が70％以上,海は10％以下,陸地がその中間で,地球全体とすると約30％です.大ざっぱにいうと地球の反射率は月の反射率の3倍程度で,これに面積をかけると3×16＝48で,満地球は満月の約50倍も明るいということになります.

　街路灯などのない時代には,満月前後の明るい月夜は,道を急ぐ旅人や夜もすがら仕事をする人々にとっては大きな助けとなりました.将来,月に長期滞在する宇宙飛行士にとっては,満地球に近い時期は,2週間も続く長い夜の間に一仕事できるよい機会となるでしょう.

　新月は満地球に照らされて明るいですが,太陽がすぐそばにあるので地球照を見ることは困難です.このため地球照は,月が太陽から少し離れた夕方の月齢3〜4,あるいは明け方の月齢25〜27の頃がもっとも見やすくなります.

　地球照は肉眼でも眺められますが,双眼鏡があるとずっとよく見えます.望遠鏡で見るときは,なるべく低倍率で見るのがコツです.太陽に照らされた月面を観察するにはシーイング(→135ページ)の良いことが重要ですが,地球照を見

月齢27の月

るには空の透明度が良いことが重要です。どのくらい地球照が見えているかは、ティコ、コペルニクス、アリスタルコスのような明るい光条を持つクレーターでどのくらい小さなものまで見えるかが、目安となります。低倍率の望遠鏡では、上弦の頃や下弦の頃でも地球照が見えることがあります。

地球照を撮る

　望遠鏡を使わずデジカメだけで地球照を撮るのは、それほどむずかしいことではありません。地球照が見える頃には、空がかなり暗くなっているので、ぶれないように注意します。柱や壁にデジカメをピッタリつけて固定すれば、ぶれはある程度防げますし、手ぶれ防止機構の付いたカメラやレンズも威力を発揮します。三脚に固定すれば万全です。デジカメのズームレンズでは月はそれほど大きく写りませんから、地上の風景とともに写すのがよいでしょう。

　地上の風景とともに撮るには、撮影のタイミングが重要です。周囲が明るすぎると地球照はうっすらとしか写らず、暗すぎると風景がわからなくなってしまいます。デジカメはフィルム代がかかりませんから、絞りやシャッター速度を変えながら、ためらわずにどんどん撮影しましょう。

　ただし、地球照の大写しとなると、なかなか難物です。11ページの写真は、口径35cm、合成F8.4、ISO感度1600、シャッター速度0.6秒、赤道儀で月を追尾して写したものです。同じ条件でノイズを減らすために感度をISO100にするとシャッター速度は10秒もかかるので、恒星時追尾では月の像は流れてしまいます。そのため月追尾でなければなりません。また地球照を撮るためには低高度の月を撮影することになるので、透明度の良い日を選ばねばなりません。さらにシャープな地球照を撮ろうと思うと、シーイングの良い日でないとダメで……と考えていくと、地球照の大写しはなかなかむずかしいことがわかります。

　11ページの写真は、実は三日月ではなく、二十七日月を透明度が高く、月の高度も高い9月中旬の明け方に撮ったものです。地球照の大写しは、空気のきれいな場所に住む20〜30cmクラスの望遠鏡の持ち主にぜひ挑戦してほしいと思います。

Column

細い月を見る

　月の通り道は白道（はくどう）と呼ばれ，春の夕暮れと秋の明け方は白道の地平線に対する傾きが大きいために細い月が見やすくなります．太陽と月の黄経が一致してからの経過日数が月齢となりますが，ではどのくらい若い月まで見ることが可能なのでしょうか．

　私の経験では，それほど注意していなくても月齢1.5〜2.0の月を見るのは簡単で，注意深く時期などを選ぶと月齢1.0〜1.5程度の月を見ることができます．しかし月齢1.0以下となるときわめてむずかしくなります．

　米国の天文雑誌『スカイ&テレスコープ』誌2004年2月号によると，肉眼での世界記録は1996年1月20日，アリゾナ州ツーソンの標高730m地点からの口径8cmの望遠鏡による観測で，新月からわずか12時間7分後でした．月齢1以下の月はどのように見えるかというと，180°の弧は描かず，南北の極は見えずに80°〜100°の弧しか描かないそうです．

　写真による世界記録は，2010年4月14日，フランスの天体写真家T.ルゴール氏がパリ郊外から撮影したもので，なんと月齢は0.0．太陽と月の黄経が一致したときが月齢0ですが，日食のとき以外では月は太陽の北か南にあります．このときの月と太陽の離角は4.6°，口径106mmの望遠鏡から2m離したところに太陽からの遮光板（しゃこうばん）を置き，近赤外光（きんせきがいこう）で撮影に成功しました．

　ところで，月齢の基準となる時刻は情報源によって異なります．多くの新聞や『理科年表』では正午，『天文年鑑』では21時ですが，ウェブサイトでは9時(世界時0時)を採用しているものもあります．9時と21時では月齢が0.5も違ってしまうので注意してください．

月齢2の月

月齢5
夕方の西空に見える

　右の写真のような月を三日月という人がいますが，実際には六日月で月齢5です．月の通り道（白道）は天の赤道に対して傾いている関係で，月齢5の日没時の高度は春には50°，秋には25°と大きく変わります．ですからこのくらいの月齢の月は春が見頃で，日没後もしばらく西空にある月のさまざまな地形がゆっくりと楽しめます．

おぼえておきたい月の名所（北から南へ）

●**フンボルト海**（直径273km）　北東の縁にある小さな海．フンボルト海流で有名なドイツの博物学者アレキサンダー・フォン・フンボルト（1769-1859）にちなむ．

●**メッサラ**（125km）　危機の海の北側にある古いが目立つクレーター．すぐ東側にあるフンボルトベイスン（フンボルト海の凹地）からの放出物によって浅くなっている．

●**クレオメデス**（126km）　危機の海のすぐ北側にあり，小望遠鏡でも内部に5つのクレーターがあるのがわかる．39億年前（ネクタリス代）の衝突クレーター．

●**危機の海**　地球からは南北に長い海に見えるが，実際には東西500km・南北400kmの楕円形の海．ほかの海とはつながっていない．

●**愛の入江**　タウルス山脈の南にある小さな海．ラテン語ではSinus Amoris（Bay of Love）で，1976年にIAU（国際天文連盟）によって承認された．

●**コーシー谷** ●**コーシー崖**　クレーターのコーシー（8km）の北東にあるのがコーシー谷，南西にあるのがコーシー崖．長さはいずれも約200kmで，平行に並んでいる．コーシー崖は南西側が落ちた正断層．

●**スミス海**　中心は87°E・2°Sにあり，秤動によって見え隠れする．19世紀の英国の天文学者ウィリアム・ヘンリー・スミスにちなんで名付けられた海で，海に人名が付くのはめずらしい．

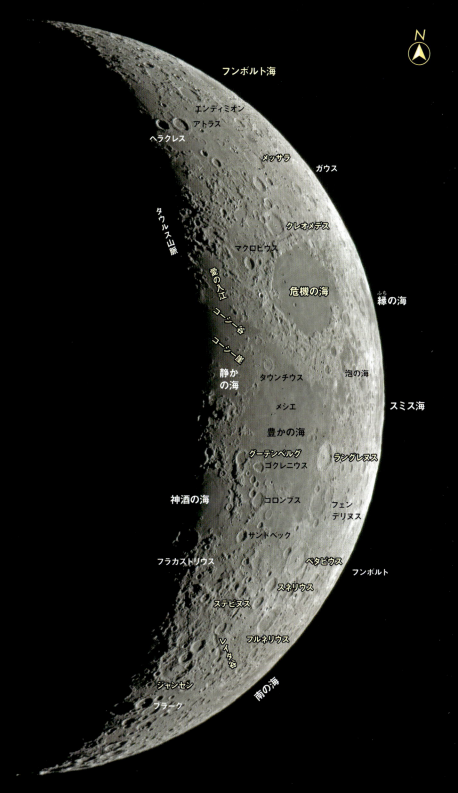

●**豊かの海**(690km)　古いベイスンの内部に溶岩が堆積した平原なので，輪郭はあまりはっきりしない．後からできたネクタリスベイスン（神酒の海の器になったベイスン）によってわかりにくくなっているが，豊かの海はペタビウスのすぐ北側まで広がっている．

●**グーテンベルグ**(74km)　ダルマ型のクレーターで，ダルマの頭に相当するのはグーテンベルグC(50km)，その上にグーテンベルグが重なる．

●**ラングレヌス**(132km)●**ペタビウス**(177km)●**フルネリウス**(135km)　（→8ページ）

●**フンボルト**(199km)　フンボルト海と同じ名前だが別人．こちらは同じドイツ人でも言語学者のウィルヘルム・フォン・フンボルト(1767-1835)．月の縁の81°E・27°Sにあって非常に見にくいが，クレーターの内部には中心から放射状に広がる谷と同心円状に取りまく谷がある．

●**ステビヌス**(74km)●**スネリウス**(82km)　どちらもペタビウスのすぐ南にあるほぼ同じ大きさのクレーター．ステビヌスには中央丘があり，光条を持つ新しいクレーターであるのに対し，スネリウスは欠け際にあるときしかわからない古いクレーター．ステビヌスの西にあるステビヌスA(8km)は明るい光条を持つきわめて新しいクレーター．

●**レイタ谷**(長さ509km)　ネクタリスベイスン（神酒の海の凹地）からの放出物によってできた長大なクレーター鎖．

●**南の海**(603km)　90°E・40°S中心を持つ海で月の縁にあり，秤動によって見え隠れする．直径880kmの大型のベイスンの中に溶岩が堆積してできた海．溶岩の噴出が限られていたために，海がベイスン全体を埋めているわけではなく，パッチ状に分布している．月の表側にはこのような海はない．

●**ジャンセン**(201km)　北西〜南東に直径100kmほどの2つのクレーターが重なってできた古いクレーター．ジャンセンにはファブリキウス(78km)とメチウス(87km)の2つの新しいクレーターが重なり，クレーター底には谷が横切っているので見応えがある．

Column

双眼鏡で月を見る

望遠鏡で最初に月を観測したのはガリレオで，1609年のことです．ガリレオは月の暗い部分（海）がのっぺりとしていること，明るい部分（高地）にはクレーターがたくさんあることなどを発見しました．ガリレオは生涯に数十本もの望遠鏡を作ったといわれていますが，最初のに作った望遠鏡はレンズの口径（有効径）2.6cm，焦点距離133cm，倍率14倍のものでした．

現在市販されている望遠鏡は，小型のものでも口径6cm以上，倍率50倍以上ですから，ガリレオの望遠鏡にくらべれば格段によく見えることになります．ガリレオの見た月にもっとも似た月が楽しめるのは，望遠鏡ではなく双眼鏡です．現在市販されている双眼鏡の大部分は口径2～5cm，倍率8～12倍程度です．もっともガリレオの望遠鏡は視野が非常に狭く（0.3°程度），月全体が入らなかったのに対して，現在の双眼鏡の視野は5°～10°もありますから，ずっと見やすくなっています．

双眼鏡のよいところは，軽量でコンパクトで，価格も5000円程度からあり，スポーツ観戦やバードウオッチングにも使えることです．せっかく望遠鏡を買っても2，3回月を見て，あとは物置にしまっておくだけという人が多いのです．双眼鏡なら月を見るのに飽きたならば，ほかのことにも使えます．

私は，まず身近にある双眼鏡を使って月を見ることを薦めます．どんな双眼鏡でもかまいません．10倍の双眼鏡では，月を10分の1の距離まで近付いて見ることと同じです．細い月，上弦，満月，下弦，地球照，月食などいろいろな月を双眼鏡でのぞいて見ましょう．

いろいろな双眼鏡．左から50mm15倍（手ぶれ防止機構付），42mm10倍，32mm6倍，16mm6倍

月齢6
夜半前に沈む月

　月齢6といえば，上弦の1日か2日前の月です．月齢6〜月齢10の月は，日没の頃に南の空高く見えるので，私たちには一番なじみのある月です．神酒の海や静かの海はすっかり姿を現わし，晴れの海の東半分には光が当たっています．南側の高地は無数のクレーターに覆われているのもわかります．

おぼえておきたい月の名所（北から南へ）

●**エンディミオン**（直径123km）　57°E・57°Nにある大型クレーターで内部は溶岩で覆われている．クレーターの名は，ギリシャ神話で月の女神セレーネに愛された羊飼いの美少年にちなむ．不老不死の永遠の眠りがあたえられた．

●**アトラス**（87km）●**ヘラクレス**（69km）　47°Nに並ぶ中型クレーター．アトラス内部は同心円状の割れ目が発達し，北部と南部に黒い火山噴出物（DMD）が分布する．ヘラクレス内部は溶岩に覆われている．

●**晴れの海**（700km）　セレニタテスベイスンの中に溶岩がたまってできた海．東側のリムがタウルス山脈．晴れの海東部には月面の中で一番はっきりしたリンクルリッジ（リッジ＝尾根），ドルサ・スミロノフがある．

●**ポシドニウス**（95km）晴れの海の縁にあり，内部に大きなクレーター（50km）を持つ2重構造のクレーターだが，その成因は不明．内側のクレーターの半分は溶岩に埋められている．構造性の谷や蛇行谷などがある．

●**プロクルス**（28km）　危機の海のすぐ西側にある新しいクレーター．明るい光条があるが，西側には分布していない．西からの浅い角度の衝突によってこのクレーターはできたと考えられる．

●**静かの海**（873km）　トランキリタスベイスン（950km）の内部に溶岩がたまってできた海．古いベイスンのために，周囲の山脈はわかりにくい．

●**ラモント**　クレーターではなく，リンクルリッジと呼ばれるしわの集合体．

起伏に乏しいので, 欠け際にあるときしかわからない.

● **マスケリン**(23km)　静かの海南部にあり, 小さいが目立つクレーター. アポロ11号が月着陸のとき, 重要な目標となった. マスケリンの200km西に着陸した.

● **メシエ**(14km×8km)　メシエから西へ彗星の尾のような光条が伸び, コメットテールと呼ばれている.

● **トリチェリ**(23km×30km)　静かの海と神酒の海の間にあるクレーター. 外形は鳥のくちばしのように西側に尖っている.

● **神酒の海**(330km)　直径860kmのネクタリスベイスンの内側リング構造の中に溶岩がたまってできた海. 表側のベイスンでこのような二重構造がはっきりわかるのは, ネクタリスベイスンだけ.

● **テオフィルス**(100km) ● **キリルス**(98km) ● **カタリナ**(100km)　神酒の海の縁に並ぶ大型クレーター列. 重なり方からカタリナ, キリルス, テオフィルスの順にできたのがわかる. これらのクレーターは, 神酒の海を取り囲むネクタリスベイスン上にあるので, ネクタリスベイスン形成の衝突(39.2億年前)よりも若いことになる.

● **アルタイの崖**　ネクタリスベイスンの外側リムに相当する. 長さ480km.

● **ピッコロミニ**(88km)　アルタイの崖の南端にある. 若く見えるが, 光条や2次クレーターが失われているので, 20億年ぐらい前にできたと推定される.

● **ジャンセン**(201km)　非常に古く, 内部は荒れ果てているクレーターだが存在感がある. 内部のジャンセン谷は小口径でも見える. 南東側リム上にファブリキウス(78km)とメティウス(87km)が重なる.

● **レイタ谷**　全長509kmの月の表側最大の谷. クレーターが連なってできているのが口径10cmの望遠鏡でも確認できる. ネクタリスベイスンからの放出物によってできた谷.

月の満ち欠け

　月の欠け際(ターミネーター)は,満月までは日の出の境界,満月からは日没の境界を見ていることになります.欠け際は月の経度で毎日12°ずつ移動します.月齢ごとの欠け際の位置を示したのが下図です.月の形の変化は,上弦や下弦で大きく,満月や新月前後では,わずかであることがわかります.

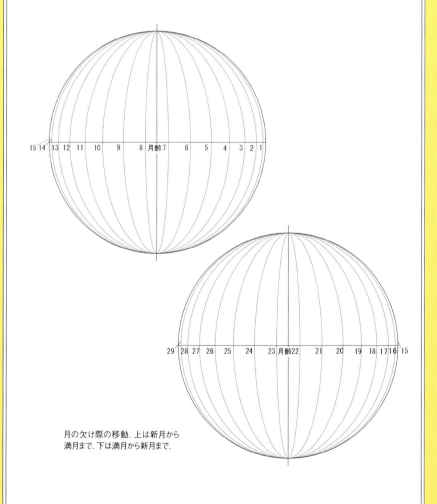

月の欠け際の移動.上は新月から満月まで.下は満月から新月まで.

上弦
上旬の弦月

　半月のことを弓に張った弦に見立てて弦月ともいいます. 旧暦ではひと月を3つに分けて上旬, 中旬, 下旬と呼んでいました. 旧暦のひと月には弦月(半月)が必ず2回あるので, 上旬の弦月を上弦, 下旬の弦月を下弦としたのです. 上弦の月は日没の頃に正中し, 夜半に沈みます.

　上弦では, 欠け際がちょうど地球の方を向いており, 地形が長い影を落としているのがよくわかります. いくつもの谷が見えますが, 成因によって谷の形態も大きく異なるので, 注意深く観察しましょう.

おぼえておきたい月の名所(北から南へ)

●**W. ボンド**(直径156km)　65°Nにある古い大型クレーター. G. ボンドというクレーターもあるために, このように名前のイニシャルを付けて呼ぶ.

●**アリストテレス**(87km)　氷の海にあるクレーターで, すぐ西にあるクレーターのミッチェル(30km)の上に重なっている. このように小さなクレーターの上に大きなクレーターができたときには, 小さなクレーターが激しく破壊されてわからなくなっているのが普通だが, このように小さなクレーターがしっかり残っているのはめずらしい.

●**アルプス谷**　アルプス山脈の中にある地溝(両側を断層で境された溝状の凹地)で, 長さ180km, 幅10km. 38.5億年前のインブリウムベイスン(雨の海の凹地)を形成した衝突によってできた.

●**アペニン山脈**　インブリウムベイスンの南東壁に相当する全長600kmの山脈. 月面でもっとも目立つ山脈で, 雨の海からの高さ6kmもある. 上弦の頃は, 雨の海に落とされるアペニン山脈やアルプス山脈の影が美しい. 1647年, ドイツのヘベリウスの考案で, 月の山脈にはヨーロッパ周辺の山脈名を付けることになった. アルプス山脈, アペニン山脈はヘベリウスの命名.

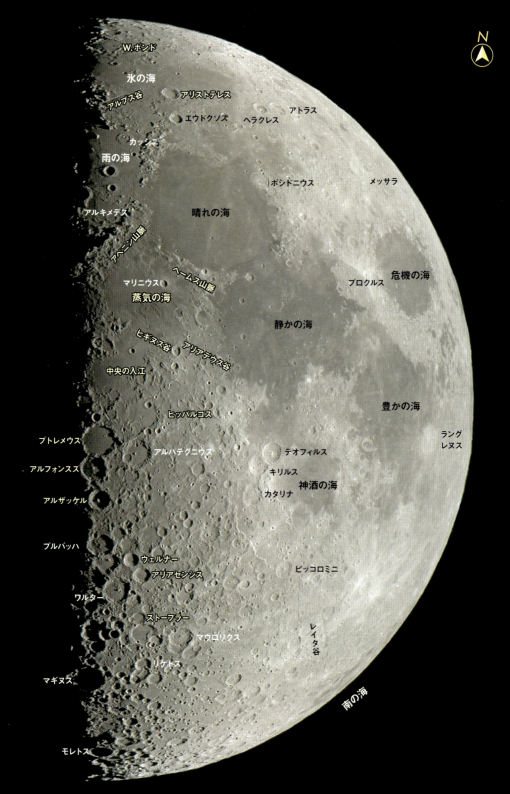

●**ヘームス山脈** 晴れの海の南西を縁取る山脈で長さ560km，晴れの海からの高さは2.4km．ヘームス山脈はブルガリア・セルビア国境にあるバルカン山脈の旧名．

●**蒸気の海** アペニン山脈の外側の窪地に溶岩がたまってできた小さな海で，直径230km．内部に衝突クレーターがほとんどないことからもわかるように20数億年前にできた新しい海．

●**中央の入江** その名のとおり，この入り江の真ん中に緯度0°・経度0°の月面の原点がある．

●**ヒッパルコス**（150km） プトレメウスよりもさらに古いクレーターで，欠け際にあるときしかわからない．

●**ヒギヌス谷** 小望遠鏡でも見やすい谷で，ヒギヌスクレーター（6km）から北西と東南東に計220kmのびている．谷の上にリム（縁）のないクレーターが並んでいる．ヒギヌスクレーターとこれらのリムのないクレーターは火山噴火によってできたもの．

●**アリアデウス谷** 長さ220km，幅4〜5km，深さ800mの地溝．中央部で南北に約5km食い違っている．

●**プトレメウス**（153km） アルフォンスス，アルザッケルとともに中央クレーター列として有名．プトレメウスが一番古く，周囲にはインブリウムベイスン（雨の海の凹地）からの放出物によるひっかき傷が多い．

●**アルフォンスス**（110km） 1950年代アメリカのアルターとソ連のコジレフは，このクレーター内にガス噴出の兆候を発見したとして物議をかもした．

●**アルザッケル**（97km） 中央クレーター列の中では一番若く，深さ3.6kmともっとも深い．内壁は階段状になっている．

●**ウェルナー**（70km）●**アリアセンシス**（80km） 29°〜30°Sに並んだクレーターで，似ているがよく見るとウェルナーの方がくっきりとしていることがわかる．年代はそれぞれ20億年前と40億年前程度．

●**ストーフラー**（126km） 南部高地にある大型クレーター．人によって数え方は違うが4重にも5重にもクレーターが重なっており，非常に古いことを物語っている．すぐ東にあるマウロリクス（114km）も複雑な重なり方をしている．

月の正中高度
―夏の満月は低く,冬の満月は高い―

　天文ファンなら夏の夜,南の空に昇った満月の高度が低いことは知っているでしょう.下図を使って理由を説明します.黄道(太陽の通り道)と白道(月の通り道)のなす角は小さいので,とりあえず,月は黄道上を動くものとします.

　夏の太陽は正中(南中)高度が高いので,黄道の反対側にいる満月の正中高度は低くなります(図A).冬の太陽は正中高度が低いので,反対側にいる満月の正中高度は高くなります(図B).春分・秋分には,太陽が黄道と赤道の交点にあります.したがって,上弦は春分に,下弦は秋分に正中高度が最大になります.

　正確にいうと白道は黄道に対して5°9′傾いています.黄道と白道との交点(昇交点,降交点)は,18.6年周期で西向きに回転するので,白道の昇交点が春分点付近にあるときは,白道と天の赤道の傾きは最大となります(約29°).いっぽう白道の降交点が春分点付近にあるときは,白道と天の赤道との傾きは最小となります(約18°).このため,夏の満月でも非常に低い年とそれほど低くない年があるのです.

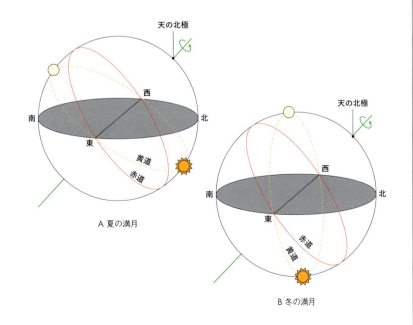

A 夏の満月

B 冬の満月

月齢9
見どころは雨の海

　右の写真は，上弦を1日過ぎた月齢9の月です．この頃になると雨の海の半分が顔を出します．雨の海は，月の海ではもっとも輪郭のはっきりしている海です．雨の海は，南東側はアペニン山脈，北東側にはアルプス山脈に縁取られた直径1160kmの巨大なクレーター，インブリウムベイスン（ベイスンとは直径300km以上の巨大クレーターのこと）の中に溶岩がたまってできた平原で，日本の本州がすっぽり入ってしまうほどの大きさです．

おぼえておきたい月の名所（北から南へ）

●**プラトー**（直径101km）　古代ギリシャの哲学者プラトンにちなむ．雨の海周辺にはギリシャの科学者名の付くクレーターが多い．アルプス山脈にある大型クレーターで，内部は暗い溶岩に覆われる．このため17世紀の月観測者ヘベリウスは「大黒湖」と呼んだ．口径20cmで良シーイング時には，ここに4～5個の小クレーターが見える．

●**エウドクソス**（65km）　約10億年前にできた輪郭のはっきりしたクレーター．コペルニクスと同年代だが，小型のために光条は消失している．

●**アルプス山脈**　地球上ではアルプス山脈の方がアペニン山脈（イタリアの脊梁山脈）より立派だが，月ではその逆．いずれの山脈もインブリウムベイスンの縁に相当するが，アペニン山脈の外側斜面は流動的な放出物なのに対してアルプス山脈の外側斜面は多数の岩塊に覆われているのが対照的．山脈の中ほどにアルプス谷が横断する．

●**カッシニ**（56km）　雨の海北東端にある中型クレーター．内部も外部も溶岩に覆われ，古いクレーターであることがわかる．内部には大きめのクレーター，カッシニA（15km）とカッシニB（9km）があって，カッシニを特徴づけている．

●**アリスティルス**（55km）　アルキメデスとカッシニの間にある中型クレーター

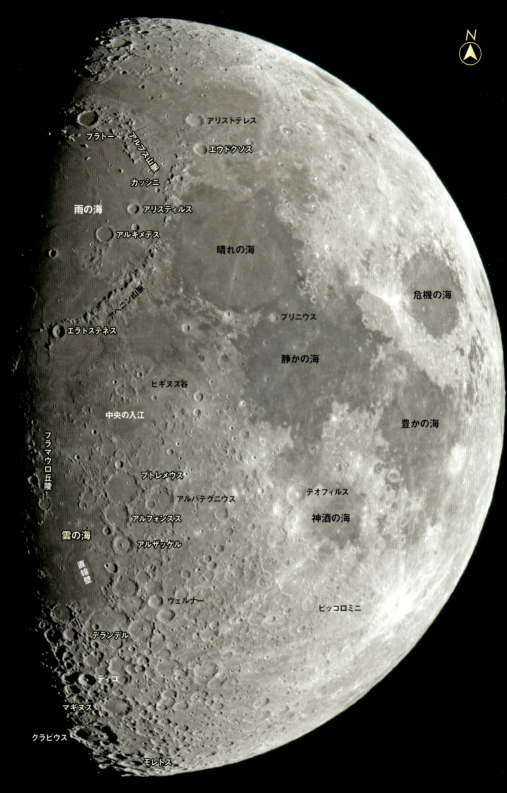

で, 目立つ中央丘がある. 20cmクラスの望遠鏡では, クレーターの外側斜面には放射状の尾根が発達し, さらに離れると多数の2次クレーターが見える. 数億年前の衝突でできた新しいクレーター.

●**アルキメデス**(83km)　雨の海にあるクレーターで, 内部を暗い溶岩で覆われている. プラトーによく似ている.

●**エラトステネス**(58km)　海の溶岩が盛んに噴出していた32億年前の衝突によってできたクレーター. このクレーターからの放出物の一部が海の溶岩に覆われているので, 海の火山活動の盛んなときにエラトステネスができたことがわかる.

●**フラマウロ丘陵**　インブリウムベイスン形成時(38.5億年前)の巨大衝突によってまき散らされた放出物によってできている. このことを調べるためにアポロ14号がフラマウロ丘陵に着陸した.

●**プトレメウス**(153km) ●**アルフォンスス**(110km) ●**アルザッケル**(97km)(→24ページ)

●**雲の海**　直径690kmの古いベイスン, ヌビウムベイスンの中に溶岩がたまってできた平原. 溶岩の厚さは1〜2km程度で, 埋め残しのクレーターが, ゴーストクレーターとして顔を出している.

●**デランデル**(234km)　クラビウスよりも大きいが, 非常に古いために激しく侵食されている. しかし重なるクレーターが少ないので, 輪郭はわかりやすい. かつてはヘル平原と呼ばれていた.

●**マギヌス**(194km)　クラビウスのすぐ南にあってそれほど大きく見えないが, 実は直径200km近い大クレーター. クレーター壁は著しく破壊されているので, クラビウスよりは古いと推定される.

●**クラビウス**(225km)　月の表側で最大級のクレーターの1つで, その中に四国がすっぽり入ってしまうほどの大きさ. リムが滑らかになっていることや内部にクレーターの多いことから, 古いクレーターであることがわかる.

●**モレトス**(111km)　クラビウスのさらに南71°Sにある輪郭のはっきりした大クレーター. 斜め上から見ていることになるので, クレーター壁や中央丘の様子が立体的に観測できる. 深さ5.1km, 中央丘の高さ2.1km.

望遠鏡で見るときに使いやすい月面図

　望遠鏡で月を見るにぴったりなのが『Sky & Telescope's Field Map of the Moon』です．この月面図は，表側を描いた直径50cmの月面図を4分の1に折りたたんだスタイルで，屋外でも汚れを気にしないで使えるようにラミネート加工がほどこされています．折りたたむと赤道付近と経度0°の子午線上が見にくくなるのを防ぐために，この部分を少しずつ重複して印刷したあるので，折りたたんだままでも快適に使えます．月は首振り運動によって，少し裏側まで見えますが，この月面図では経度・緯度とも10°ずつ余分に描かれているので，観測用月面図としては抜かりがありません．

　作者はチェコ生まれの アントニン・ルークルで，1990年には『Atlas of the Moon』という月面地図帳を出版しています．『Atlas of the Moon』は細部までよく描写されていますが，月の表側が76に分割されているので，たとえば湿りの海が4ページにもわたっていて使いにくさがありました．この月面地図帳を40％に縮小し，描き直したのが『Sky & Telescope's Field Map of the Moon』です．線画法と陰影法を併用した方法で，地球から望遠鏡で見えるように正射図法で描かれているので実際の月面とくらべやすく，まさに観測者のための月面図に仕上がっています．インターネット書店から20米ドル程度で入手できます．

月齢10
海がせいぞろい

　月齢10の月は，上弦から2〜3日過ぎた月で，ずいぶん丸みをおびてきます．日没時には南東の空にあり，20時頃に正中，深夜の2時頃に沈みます．月齢10では月最大の海，嵐の大洋も現われます．嵐の大洋にはコペルニクス，アリスタルコス，ケプラーなどの明るい光条を持つクレーターやさまざまな火山地形も現われ，にぎやかな月面となります．

おぼえておきたい月の名所（北から南へ）

●**雨の海**　38.5億年前の衝突によってできた直径1160kmのインブリウムベイスン（ベイスンは巨大クレーターのこと）に溶岩がたまった平原．インブリウムベイスンは，雨の海がマレインブリウム（マレは海の意味）と呼ばれることにちなむ．

●**虹の入江**（直径260km）　インブリウムベイスンのリムへの衝突によってできた大型クレーター．年代は当然，インブリウムベイスン（38.5億年）よりも新しく，海の溶岩の噴出よりも古い37〜38億年前．

●**ティモカリス**（33km）●**オイラー**（27km）●**ランバート**（30km）●**ピテアス**（20km）いずれも雨の海西南部にあるクレーターで，よく似ている．ティモカリス，オイラー，ランバートは周囲の放出物が海の溶岩に覆われていることから20数億年前にできたと推定される．ピテアスは，放出物を海の溶岩の上にまき散らしており，より新しいクレーターであることがわかる．

●**カルパチア山脈**（全長360km）　インブリウムベイスンの南側のリムに相当する．アペニン山脈ほど険しくはない．名前はチェコからルーマニアに連なるカルパチア山脈にちなむ．

●**コペルニクス**（95km）　10億年前の衝突でできた新しいクレーター．クレーターの深さは3760m，中央丘の高さはクレーター底から1200m，クレーター縁は周囲の平原よりも900m高い．海に衝突したので衝突によってできた2次ク

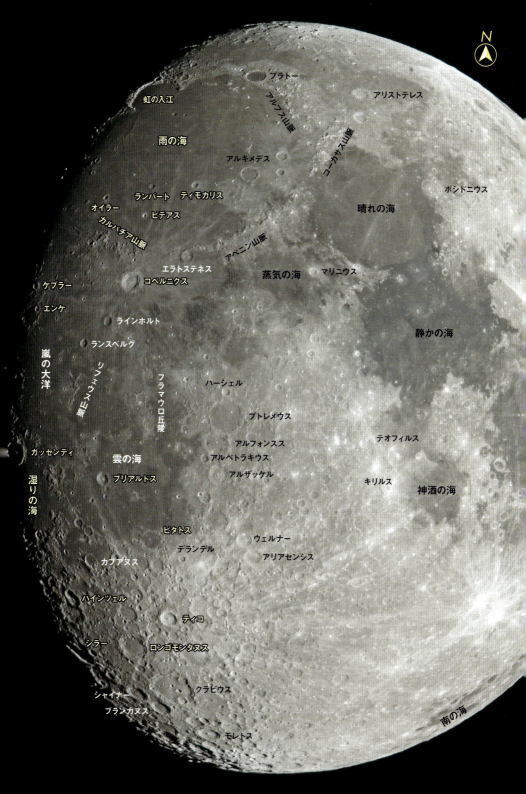

レーターなどがわかりやすい.

●**ラインホルト**（42km）●**ランスベルグ**（38km）　コペルニクスの南にあるほぼ同じ大きさのクレーター. いずれも内壁は階段状に落ち込み, 深さ3kmとよく似ているがランスベルグには中央丘があって, ラインホルトにはない. 形成年代はいずれも約20億年前.

●**ケプラー**（32km）●**エンケ**（29km）　嵐の大洋にあるよく似た大きさのクレーター. ケプラーには光条があり, エンケにはないことから, ケプラーの方が若いことが推定できる. エンケの内部は溶岩によって覆われている.

●**ガッセンディ**（110km）　湿りの海北部にあり, 周りには大きなクレーターがないので目立つ. ガッセンディ内部には複雑な中央丘群や谷が見られる.

●**湿りの海**　直径820kmのヒュムルムベイスン内部に溶岩がたまってできた平原. ヒュムルムベイスンはインブリウムベイスン（38.5億年前）よりも古く, ネクタリスベイスン（神酒の海のベイスン：年代は39.2億年前）よりも新しい.

●**ブリアルドス**（61km）　雲の海西部にあるやや新しいクレーター. 周りに大きなクレーターがないので目立つ. 光条はほとんど見えず, 20数億年前にできたクレーターだと推定される.

●**ピタトス**（97km）　雲の海の南縁にある大型クレーター. 内部は溶岩に覆われ, 環状の谷がリムのすぐ内側に発達しているのが興味深い.

●**ハインツェル**（70km）　3つのクレーターが重なってできた奇妙なクレーター. 成因としては連星系をなす小惑星の衝突説や, ベイスンからの2次クレーター説などがある

●**シラー**（179×71km）　非常に細長いクレーター. 10°程度の浅い角度の衝突によってできたと推定される.

●**ティコ**（85km）　1億年前の衝突でできたきわめて新しいクレーター. 新しいために深さ4850mと深く, 放射状の光条は2000km以上も広がり, 晴れの海にも達している. クレーターの周りは, インパクトメルト（衝突によって溶けた岩石）によってやや黒ずんでいる.

●**ロンゴモンタヌス**（157km）　ティコの南西にある古い大型クレーターで, マギヌスに似ている. 内部はベイスンの放出物によって埋められた平原で, 埋め残された小さな中央丘がある.

Column

月球儀 KAGUYA

　これまでにも多数の月球儀(げっきゅうぎ)がありましたが，決定版といえるのが2013年に発売された月球儀KAGUYAです．2007年〜2009年に月を周回した日本の月探査機「かぐや」の地形データを利用した月球儀で，直径は30cm．月球儀の1cmが月面での114kmとなり，高さによって色分けされています．地表の凹凸変化に陰影が付けられ，海のリッジやドームなど20cmクラス望遠鏡でも見逃しがちな細かい地形まで描写されています．地名は日本語・ラテン語が併記され，そのほかの細部まで神経が行き届いています．

　ほぼ同じデータを使って1枚のポスターにしたのが，月球儀の後方に写っているKAGUYA月面図です．この月面図は望遠鏡で月を見るのには向いていませんが，月全体を調べるのには便利です．

　いずれも渡辺教具の製作・発行です．通販で購入できます．

月球儀KAGUYAとKAGUYA月面図

満月
望遠鏡で見るとのっぺりしている

　満月といえば中秋の名月を思い浮かべる人が多いでしょう．中秋の名月は，旧暦8月の十五夜の月のことで，9月9日～10月7日頃になります．中秋の名月は，望遠鏡なしで楽しむことが多いのですが，いざ望遠鏡で満月を見るとなると，陰影のない，のっぺりした月のどこを見たらよいか迷ってしまいます．ここでは満月を望遠鏡で眺めるときのヒントを紹介しましょう．

満月をながめるポイント

●**ティコ**（直径85km）　欠け際付近にあるときには目立たないのに，太陽高度が高くなるとともに存在感が増し，満月では輝くばかりの光条によってクレーターの王者の風格となる．

　光条は西側よりも東側に広がっているので，ティコを作った小天体は西側から衝突したことがわかる．晴れの海のベッセルを横切っている光条も，2250km離れたティコからのもの．アポロ17号着陸地点で見つかったティコの2次クレーター物質から，ティコができたのは1億年前であることがわかった．ティコに暗い縁取りがあるのは，衝突のときに溶けた岩石，インパクトメルトで覆われているためである．

●**コペルニクス**（95km）　ティコに次いで大規模な光条を持つクレーター．海の中にあるので，光条の広がりがよくわかる．フラマウロ丘陵に着陸したアポロ12号で採集されたコペルニクスの光条物質から，コペルニクスは9億年前の衝突でできたことがわかった．

　コペルニクスの光条が，ティコの光条よりも目立たない大きな理由は，コペルニクスができた年代が古いためである．コペルニクスのような直径100kmのクレーターでは約20億年，直径30kmのクレーターでは約10億年，直径10kmのクレーターでは数億年で光条がわからなくなってしまう．

34

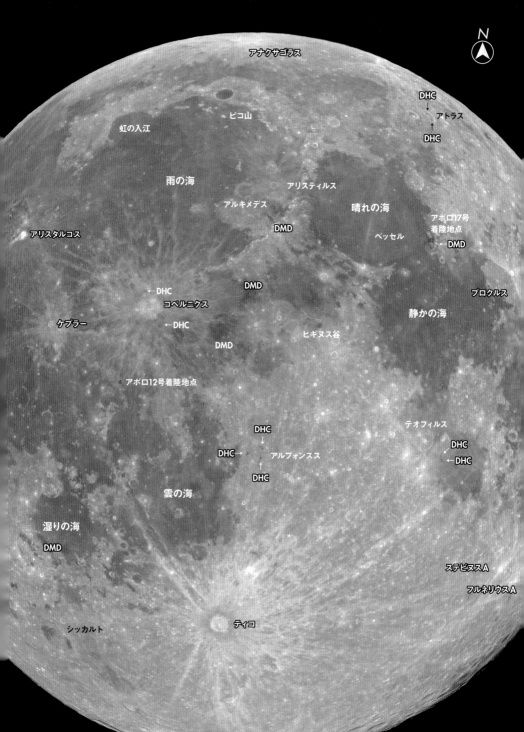

●**暗斑を持つクレーター**　月には，ティコやコペルニクスのように光条があって周囲が明るいクレーターがある．いっぽうこれとは反対に周囲の暗いクレーターがある．これを暗斑を持つクレーター（Dark-haloed craters：DHC）という．DHCには①衝突起源と②火山性の2種類がある．

　①**衝突起源**　コペルニクスは海の上に明るい光条物質をまき散らしているが，光条物質に小天体が衝突すると，下の暗い玄武岩をまき散らして，暗斑を持つクレーターができる．コペルニクスの北と南東のDHCはこうしてできたクレーター．テオフィルスの光条の上にも衝突起源のDHCがある．

　②**火山起源**　暗斑を持つクレーターには，火山の起源のものもある．爆発的な噴火によって玄武岩質溶岩を噴き飛ばすと暗斑を持つクレーターができる．できたクレーターは，直径数kmと小さくて浅いクレーターが多く，しばしば割れ目を伴う．アルフォンスス内部やアトラス内部のDHCと示した暗斑が，火山起源の暗斑を持つクレーター．

●**溶岩噴泉の堆積物**（DMD）　ハワイやアイスランドの火山が溶岩を噴水のように噴き上げ，その根元からは大量の溶岩が流れ出す光景をテレビなどで見たことがあるでしょう．月でも38〜30億年前にはこのような噴火が起こっていた．その流れ出た溶岩がたまったのが月の海である．いっぽう噴き上げられた溶岩のしぶきが堆積したのが「暗い降下堆積物（DMD: Dark mantling deposits）」．DMDは降り積もった溶岩のしぶきなので，海ばかりでなく高地も覆っているという特徴がある．コペルニクスの東側や雨の海東部のDMDが目立つが，小規模なDMは晴れの海のアポロ17号着陸地点や湿りの海南西部にも見られる．

●**ケプラー**（32km）●**アリスタルコス**（40km）　いずれも嵐の大洋にある中型クレーターで，ケプラーは光条全体が明るいのに対して，アリスタルコスはクレーター自身がきわめて明るいという特徴がある．アリスタルコスは反射率が20％以上で，月面でもっとも明るい．しかし20％といえば人肌程度で，平均的な月面反射率は7％程度で石炭ぐらいの明るさしかなく，月面は意外に暗い．どちらのクレーターも数億年前の衝突でできた．

●**ステビヌスA**（8km）●**フルネリウスA**（3km）　大クレーターの近くにある小クレーターは，大クレーター名の後にA，B，C……のアルファベットを付けて呼ばれる．いずれも小さい割に，きわめて明るい光条を放ち，数千万年前にできた衝突クレーターだと推定される．

- **アナクサゴラス**(51km)　北極付近には目立つクレーターが少なく，北緯74°に位置するアナクサゴラスはきわめて明るい光条を持つランドマークとなるクレーター．数億年前の衝突でできたと推定される．
- **プロクルス**(28km)　危機の海のすぐ西にある深さ2.8kmの新しいクレーター．明るい光条があるが，プロクルスの周囲360°を取りまくのではなく，静かの海側の150°が欠けている．これは西南西からやってきた小天体が10°以下の浅い角度で衝突したことためである．

海の溶岩の色や明るさ

　満月には影がまったくないので，海の溶岩の明るさの微妙な違いがわかる(下写真)．この違いは晴れの海の南部や西部，雨の海西部で目立つ．とくに雨の海西部は，うねうねと溶岩の流れた様子まで連想することができるので楽しい．

満月の彩度を強調した写真

月齢17
満月過ぎの月を見る

　満月から2日もたつと，ようやく東側の欠け際が見えるようになってきます．このあたりは，三日月の頃にも見えているのですが，日没後すぐに沈んでしまうのでゆっくり見ることができません．ゆっくり見るのには，満月過ぎの方がよいのです．月齢17の月が昇ってくるのは，20時過ぎ，正中するのは午前2時頃です．

おぼえておきたい月の名所（北から南へ）

●**死の湖**　直径151kmの古いクレーターに溶岩がたまってできた湖で，ほぼ中央に新しいクレーター，ビュルク（40km）がある．死の湖には，数本の構造性の谷もあり，こぢんまりとしているが存在感がある（→149ページ）．

●**夢の湖**　ポシドニウスの北にある湖で直径約380km．ほかからの放出物に薄く覆われて白っぽい．

●**メッサラ**（直径125km）　39°Nにある古い大型クレーター．内部は平原状だが，複雑な形の小クレーターがある．

●**ゲミヌス**（86km）　約30億年前の衝突でできたクレーター．クレーターの南東外側にクレーター列からなる谷があり，かつて日本ではゲミヌス谷と呼ばれていたが，IAU（国際天文連盟）では正式には認められなかった．

●**クレオメデス**（126km）　危機の海のすぐ北側にあり，小望遠鏡でも内部に5つのクレーターがあるのがわかる．39億年前（ネクタリス代）の衝突クレーター．

●**危機の海**　この海の西縁，プロクルスの東で2つの岬が接している場所がある．1953年，『ニューヨーク・ヘラルド・トリビューン』紙の編集者J.オニールは，この2つの岬をつなぐ天然橋を口径10cmの望遠鏡で観測したと発表し，オニール橋と名付けられた．一時は大騒ぎになったが，まもなく観測の誤りであることがわかった．

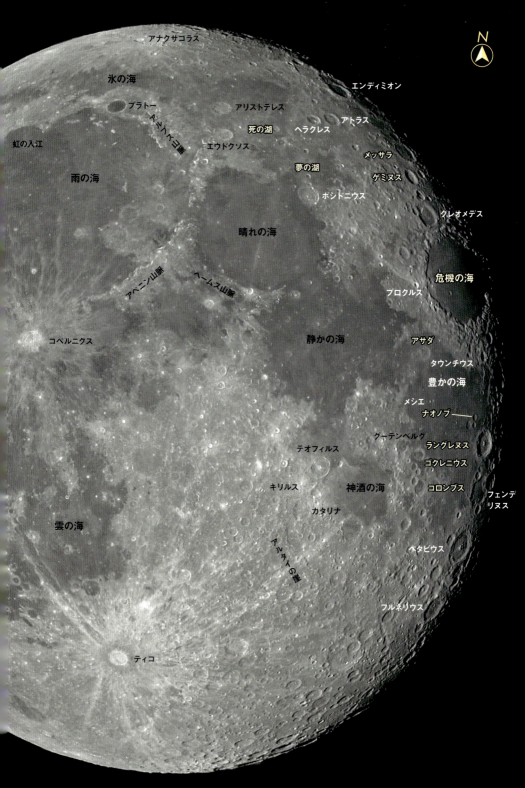

●**アサダ**(12km)　危機の海とタウンティウスの間にある小クレーターで, かつてはタウンティウスAと呼ばれていた. 江戸時代の医師で天文学者の麻田剛立(1734-1799)にちなむ. 麻田剛立は大坂で日本最初の天文塾を開き, 学んだ弟子の中には高橋至時(のちに伊能忠敬の先生となる)などがいる. 日食や月食も観測・予報し, 自作の反射望遠鏡で月のクレーターを観測した最初の日本人.

●**ナオノブ**(34km)　ラングレヌスの北西にある中型クレーターで, かつてはラングレヌスBと呼ばれていた. 江戸時代の和算学者安島直円(1732-1798)にちなむ. 安島直円は日食や月食の計算法を編み出したほか, 暦法の改良にも貢献した. アサダとナオノブはいずれも1976年にIAUに公認された. 月全体では日本人の名の付いたクレーターが13個ある.

●**ラングレヌス**(100km)　ベルギー生まれの天文学者ラングレヌス(1600-1675)にちなむ. ラングレヌスは1945年に直径34cmの月面図を発表. 300以上の地形に科学者, 王族, 貴族の名前を付けた. また暗くて平らな地域には, 海, 入江, 湖などと付けたのもラングレヌスが最初である. しかし彼の付けた名前は現在, 彼自身の名前の付いた「ラングレヌス」と「中央の入江」しか残っていない.

●**ゴクレニウス**(60km)　小望遠鏡で見ると何のへんてつもないクレーターだが, 1968年12月のクリスマスイブに月軌道に最初に入ったアポロ8号からハッセルブラッドで撮影された写真に写っていたのがこのクレーター. クレーターを横切る平行谷がくっきりと写り, いよいよ月着陸が間近になったことを実感させられた.

●**コロンブス**(76km)　豊かの海の南西にある古いクレーター. アメリカ大陸の発見者クリストファー・コロンブス(1451-1506)にちなむ. 月の南北極には南北極の探検者の名前の付いたナンセン, ピアリー, アムンゼンなどのクレーターがある. 南極にある永久影を持つクレーター, シャクルトンは1914年, 南極大陸横断をめざしたアイルランドの探検家アーネスト・シャクルトン(1874-1922)にちなむものである.

Column

月の北は上, それとも下

　日本の月刊天文雑誌2誌では, 月は南(ティコのある側)を上にするのが慣習となっています. いっぽうアメリカの天文雑誌『Sky & Telescope』では, 月の北は上にして並べています.

　南を上に並べるのは, 屈折望遠鏡が倒立像(とうりつぞう)であるため, 正中(南中)した月は南が上になって見えるからです. 東空に昇るときは③, 西空に沈むときは④のようになります. これは北半球の観測者にとって成り立つことで, 南半球では北が上に見えます. ニュートン式反射望遠鏡ならば, 接眼部の位置を回転させると月も回転するし, さらに天頂付近まで高く昇った月では, 上下ということ自体が無意味になります.

　いっぽう惑星科学の分野では, 1960年代から月は地球と同じように北を上にするのが当たり前になってきました. こう考えてみると日本の天文雑誌だけが月の南を上にしているのは, 「今までそうだったから」という消極的な理由だけです. この際, 北を上にしたほうが, 惑星科学の解説書や外国の雑誌を読むときにわざわざ頭を切り換えなくてすみます. 本書でも「月の北は上」にしてあります.

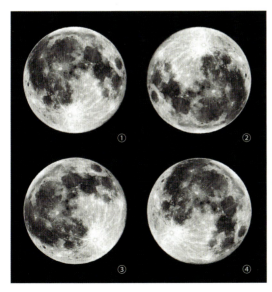

①正中時に肉眼で見たとき
②正中時に屈折望遠鏡で見たとき
③東空に昇るときの月
④西空に沈むときの月

月齢19
明け方の空に高く昇る

　夏の下弦前後は気流も安定し，月の高度も高くなるので，月観測の好期となります．口径30cm以上の望遠鏡では，こんなに細かい地形まで見えるのかとびっくりすることがあります．午前3時頃に早起きをしなければなりませんが，その甲斐は充分あります．いつまでも眺めていたいのに，東空から次第に白み始め，望遠鏡でのぞきこんでいる月も淡くなって観測終了となります．

おぼえておきたい月の名所（北から南へ）

●**氷の海**　寒さの海ともいう．雨の海や晴れの海の北側，50°〜60°Nの東西1600kmにわたって帯状に広がる大きな海．面積32万m²．

●**タウルス山脈**　晴れの海と危機の海の間にある山脈で，1つのベイスンではなく2つのベイスンの放出物によってできているために，幅広いのが特徴．トルコ南部にあるタウルス山脈にちなんで命名．

●**静かの海**　古いベイスンに玄武岩質溶岩がたまった平原で，ベイスンが古いために海の輪郭がはっきりしない．標高図（164ページ）を見てもわかるように，月の海の中ではもっとも浅い．月の中央に近く，赤道付近にあるためにアポロ11号の着陸地点となった．2009年，日本の月探査機「かぐや」は静かの海中央部に月最大の直径92m，深さ105mの縦穴を発見した．

●**プリニウス**（直径42km）　静かの海の北部にある目立つクレーターで，中央丘を持つ．プリニウスの名前は古代ローマの将軍・博物学者，大プリニウス（23-79）にちなむ．プリニウスは『大博物誌』の著者で1979年ベスビオス火山の大噴火で現地調査中に死亡．これを記念して大量に軽石を噴出する噴火をプリニー式噴火と呼ぶようになった．

●**マリニウス**（38km）　蒸気の海にあるクレーターで，大きさ，見かけ共にプリニウスとよく似ている．深さは約3.1km．

42

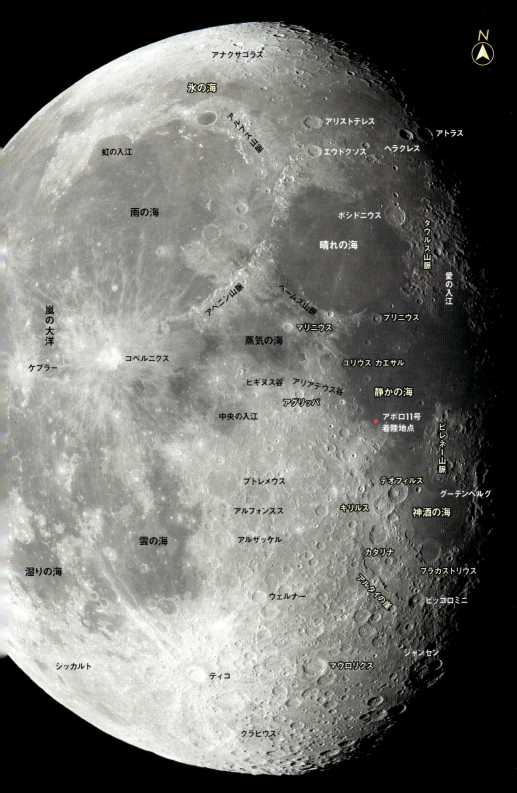

- **ユリウス カエサル**(90km)　英語読みではユリアス シーザー. 静かの海西部にあるクレーター. リムはインブリウムベイスンの放出物によって北西〜南東方向のすじがつけられている. 内部は溶岩で覆われている.

- **アグリッパ**(44km)　蒸気の海の南東縁にある中型クレーター. 深さは3km. すぐ北側にアリアデウス谷, ヒギヌス谷がある.

- **神酒の海**　39.2億年前の衝突でできたネクタリスベイスン(神酒の海の器となった巨大クレーター)は2重のリング構造を持ち, 内側リングは直径450km, 外側リングは直径860km. 内側リングの中に玄武岩質溶岩がたまってできた平原が神酒の海.

- **ピレネー山脈**　神酒の海の東を境する山脈で長さ164km, 高さ3km.

- **テオフィルス**(124km) **●キリルス**(98km) **●カタリナ**(100km)　神酒の海にある大型クレーター列. これらのクレーターは5世紀のアレキサンドリア(エジプト)の司祭とその庇護者の名前にちなむ.

- **フラカストリウス**(124km)　神酒の海に埋もれかけたクレーター. 内部の溶岩は神酒の海の溶岩よりもやや明るく, 古い.

- **アルタイの崖**　ネクタリスベイスンの外側のリムに相当する. 長さ480kmで崖の高さは1000m程度. 南西だけにこのような崖があるのは, 北や東はトランキリタスベイスンやフェクンディタイスベイスンがあったので, 地形が低かったためらしい.

- **マウロリクス**(114km)　南部高地にあるクレーターで, 南西と北西にはマウロリクスができる前にあったクレーターの一部が残っている. マウロリクスの南東壁にはバロキウス(82km)などして非常に複雑なクレーター. すぐ西にあるストーフラー(126km)も同様に複雑.

Column

月の東西

　現在の月面図は北が上,南が下,右が東,左が西です(下図B).しかし1965年頃までの月面図では,下図Aのようでした.ここで注意するのは,AとBで東西は入れ替わっているのに,南北はそのままだということです.昔は,月が西空に沈んでいくときに西に向いた方を月の西,その反対側を月の東としていたのです.

　このような方位が問題になったのは,アポロの月着陸が現実味をおびてきた1960年代半ばになってからです.宇宙飛行士が月面に着陸して作業をするとき,東西が逆だと支障があり,また西から太陽が昇ってくるのも違和感があります.そのため1964年,最初にアメリカ空軍がB方式の月面図を採用しました.B方式は実用的であったために1970年頃までには,ほとんどの月面図がこの方式になります.

　月の経度の原点は,地球から見た平均の月の中心を通る経線で,経度0°となります.経度は地球と同じように,経度0°を基準に東西180°ずつE,Wで表わす方法が一般的です.しかしこの方法では,月の真裏でEとWの切り替えが必要で,月周回衛星の運用などでは不便です.そこで東回りに360°で表わす方法も使われます.それぞれの方法でコペルニクスの位置を表わすと(19.9°W・9.8°N)と(340.1°E・9.8°N)となります.

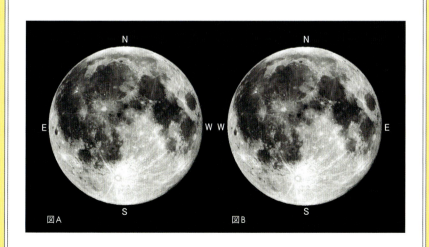

図A　　　　　　　　　　　図B

下弦
下旬の弦月

　下弦の月の出は夜半に昇り，日の出頃に正中します．「下弦の月は弦を下にして沈むからその名が付いた」という俗説がありますが，実際には下弦の月が沈むのは正午頃で周囲は明るく，弦を下にして沈む姿はほとんど見ることができません．このことからも下弦は「旧暦でひと月の下旬に見える弦月」という本来の定義が納得できます．

　下弦の月では，上弦と月とほぼ同じ場所が欠け際となりますが，海の占める部分が多くなるので暗く見えるためか，寂しそうな月になります．

おぼえておきたい月の名所（北から南へ）

●**虹の入江**（直径260km）　インブリウムベイスンの縁への衝突によってできた大型クレーター．入江の北東端がラプラス岬，南西端がヘラクリデス岬で，雨の海に向かって突然落ち込んでいるので，断層によって切られていると推定される．入江をつくる高まりがジュラ山脈．ジュラ山脈はスイス北西部にある山脈で，ジュラ紀の語源にもなっている．

●**ピコ山**（長さ26km，高さ2450m）●**ピトン山**（長さ22km，高さ2220m）　どちらも雨の海にある独立峰．欠け際近くにあるときには長い影を引いて壮観．

●**アペニン山脈**　インブリウムベイスンの南東壁に相当する．月面でもっとも目立つ美しい山脈で，雨の海から高さ6kmでそびえている．全長600km．

●**エラトステネス**（58km）　アペニン山脈の南端にある形のしっかりしたクレーター．できたのは32億年前．

●**コペルニクス**（95km）　10億年前にできた新しいクレーターで明るい光条を持つ．海に衝突したので衝突によってできた2次クレーターなどがわかりやすい．光条はコペルニクスクレーターから直接広がっているのではなく，2次クレーターを起点としている光条が多いことにも注意．

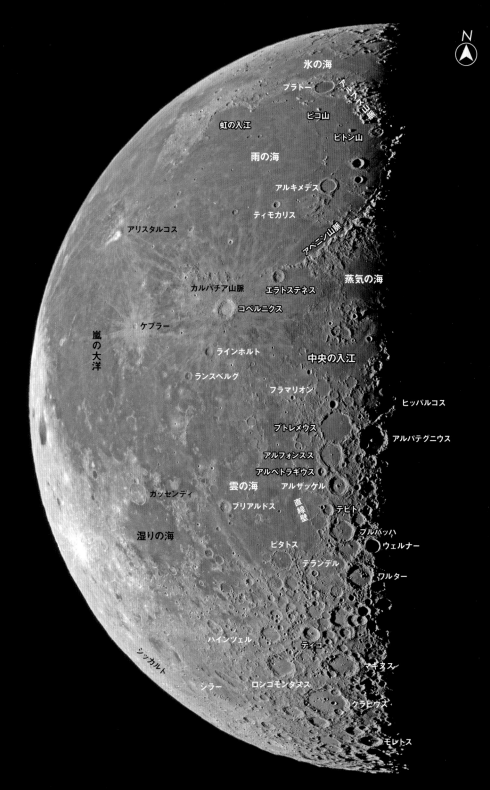

●**中央の入江**　この入江の真ん中に緯度0°，経度0°の月面の原点がある.

●**プトレメウス**(153km)　プトレマイオス，トレミーともいう. 2世紀頃のギリシャの天文学者・数学者・地理学者.『アルマゲスト』を著し，天動説を完成させ，16世紀まで大きな影響を与えた.

●**アルフォンスス**(110km)　1950年代アメリカのアルターとソ連のコジレフがガス噴出の兆候を発見したとして物議をかもしたクレーター.

●**アルペトラギウス**(39km)　アルフォンススの南西にある中型クレーター. 非常に大きな丸みをおびた中央丘を持つ. クレーターの深さは3.9km，中央丘の高さは2km. クレーターの中央丘は衝突の反動で地層が盛り上がったと説明されているが，この中央丘はそれでは説明できない. 火山性のドームかもしれない.

●**テビト**(56km)　直線壁の東にあるクレーター. 西側クレーター壁にテビトA(20km)が重なり，その西側クレーター壁にテビトL(12km)が重なる. 親亀の背中に子亀を乗せて，子亀の背中に孫亀を乗せて……という構造になっている興味深いクレーター.

●**プルバッハ**(115km)　雲の海南東にある古い大型クレーター. クレーター内部の北西側に低い尾根がある. 太陽高度が高くなるとわかりにくい.

●**ワルター**(128km)　デランデルの東にあり，古いが形の整った大型クレーター. クレーター内部の北東側には起伏や小クレーターが多く，南西側は平原状.

●**ティコ**(85km)　1億年前の衝突でできた最新のクレーター. 新しいために深さ4850mと深く，放射状の光条は2000km以上も伸びる. 中央丘の高さは2500m. クレーターのすぐ周りは，インパクトメルト(衝突によって溶けた岩石)によってやや黒ずんでいる. ティコのリムから200km離れると2次クレーターが増えてくるが，高地で起伏が多いのでわかりにくい.(→65ページ)

●**クラビウス**(225km)　月の表側最大級のクレーターで，四国がすっぽりと入ってしまうほどの大きさ. リムが滑らかになっていることや内部にクレーターの多いことから，古いクレーターであることがわかる.

Column

月の首振り運動

　月はいつも地球に同じ面を見せていますが,正確にいうと上下・左右に首振り運動をします.この首振り運動のことを秤動(ひょうどう)ともいいます.月の軌道が楕円であることによって東西方向の秤動が,月の赤道面が月の公転軌道面(こうてんきどうめん)に対して6.7°傾斜していることによって南北方向の秤動が起こります.秤動があるために,地球からは月全体の59%を見ることができます.

　月の中央部を見るときは,あまり秤動のことを気にしなくとも大丈夫ですが,今回の写真のように月周辺部を見るときには,秤動の具合に注意しなければなりません.右の2枚の写真では危機の海,ラングレヌス,ペタビウスなどの形が大きく変わっていることがわかるでしょう.また,Bでは縁の海やスミス海が見えているのに,Aでは見えません.これから起きる天文現象の予報やと観測結果を年度ごとにまとめた『天文年鑑』には毎日の秤動を示すグラフが載っているので,月周辺部を見るときには事前に調べておきましょう.

A　2003年4月6日　　　　　B　2004年2月25日

49

月齢24
明け方の東空にかかる月

　「有明」とは月が有りながら夜が明けることなので，満月以降の月ならばいつでもよいはずですが，やはり右ページの写真のような月が「有明の月」の代表といえます．あと5日半で新月を迎えるのが月齢24ですから，月齢5〜6の月と同じ欠け具合です．月の出は午前2時頃，正中は午前8時頃で日の出時には南東の空に見えます．明け方の白道（月の通り道）と地平線のなす角が大きい秋分前後の1か月が観測の好期となります．高度が低い春分頃とくらべると，日の出時の月の高度は2倍も違います．

おぼえておきたい月の名所（北から南へ）

● **ピタゴラス**（直径130km）　63°Nにあり，くっきりとした輪郭のクレーター．深さ5.0kmで高さ3.0kmの立派な中央丘を持つ．約20億年前の衝突でできた．

● **J・ハーシェル**（165km）　氷の海の北にある古いクレーター．天王星の発見者W・ハーシェルの息子で，天文学，創成期の写真化学に貢献した．父親名のクレーターはプトレメウス北にあり，イニシャルなしでハーシェル（40km）と呼ばれる．

● **露の入江**　嵐の大洋の北側，氷の海西側の地域で，200km四方の溶岩で覆われた平原．入江の西部のマルコフ（40km），東部のハルパルス（39km）はいずれも比較的新しいクレーターである．

● **アリスタルコス**（40km）　火山の集合体アリスタルコス台地の南東部にある．5億年前にできた新しいクレーターできわめて明るい．大口径では台地は赤味を，クレーターは青味をおびているのがわかる．

● **プリンツ**（46km）　アリスタルコス台地の東にあり，南側の半分を海の溶岩に埋められたクレーター．プリンツの北側からアリスタルコス台地にかけて20以上の蛇行谷がある．

● **マリウス丘**　マリウス（41km）の北西側に広がるドーム群で，100個以上もあ

る．ドームといっても望遠鏡のドームのように急峻ではなく，平皿を伏せたような小型盾状火山．

●**ガリレイ**（15km）　ライナーγのすぐ北側にある小クレーター．ガリレオ・ガリレイ（1564-1642）にちなむ．リチオリ（1598-1671）が命名．リチオリが天動説を支持していたため，地動説を支持したガリレオを目立たない小クレーターの名前にしたといわれているが，一方ではコペルニクスを目立つ場所にあるクレーターの名前にしている．最初に月面を科学的に観測したガリレオがこの小クレーターかと思うと，気の毒になってくる．

●**ライナーγ**　ライナー（30km）の西側にある「おたまじゃくし」型の明るい模様．月面では山塊にα，β，……γなどギリシャ文字が付けられているが，ライナーγは平坦な模様にギリシャ文字を付けられた命名法の例外．強い磁気異常があり，彗星が衝突した跡との説もある．

●**グルマルディ**（172km）　約40億年前にできた古いクレーターで，内部を暗い溶岩で埋められているために見付けやすい．

●**ビリー**（45km）　ほぼ同じ大きさのハンスティーン（44km）と並んでいる．ビリーは内部全体が溶岩に覆われているので欠け際になくても目立つ．ハンスティーン内部には環状割れ目のあり，一部が溶岩で覆われている．

●**東の海**　緯度が95°W，つまり月の西端よりもさらに西側に回り込んだところに中心を持つ小さな海．東の海は3重のリング構造の内部に溶岩がたまったもので，このリング構造はオリエンタレベイスン（ベイスンは巨大衝突クレーターの意味）と呼ばれる．一番外側のリング構造は直径930kmもある．形成年代は38.0億年前で，インブリウムベイスン（雨の海の凹地）よりも新しい．

●**ドッペルマイヤー**（63km）　湿りの海南縁にあるクレーターで，内部には同心円状・放射状の割れ目が発達する．北東部は湿りの海からの溶岩に埋められている．埋められている割には高さ1.3kmの立派な中央丘を持つ．湿りの海の北縁にあるガッセンディを一回り小さくしたよう．

●**シッカルト**（227km）　古いが形の整った美しいクレーター．内部は海の溶岩で覆われている部分とそうでない部分がある．オリエンタレベイスンからの放出物によってできた2次クレーター群がクレーターに見られる．

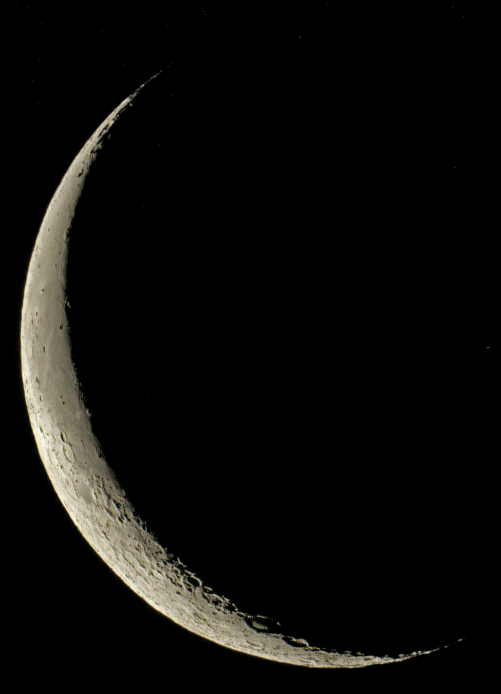

月齢26の月

皆既月食
数年に一度は見られる

月食とは

　月食は，地球の影に月が隠される現象です．満月のときにはいつでも起こりそうなものですが，実際には月は地球の影の北や南を通り過ぎてしまうので，月食になるのはまれです．56ページのように本影に月全体が入るのが皆既月食，本影に月の一部が入るのが部分月食です．地球は大気があって太陽光線が回り込むため，本影でも真っ暗ではありません．このため，皆既月食でも月がまったく見えなくなってしまうことはなく，赤銅色に見えるのが普通です．大気は赤い光を散乱しにくく，青い光は散乱しやすい性質があります．このため散乱しにくい赤い光が地球大気でわずかに屈折して，本影中の月に届くのです．

　皆既月食が始まった直後や終わる直前，目の良い人ならば縁が青緑色に色付くことに気が付くかもしれません．この現象はターコイズフリンジと呼ばれています．ターコイズとはトルコ石のことです．

　地球の影に月が入るのが半影月食ですが，満月の光がわずかに減ずる程度で，

●2018〜2030年に日本で見られる月食

月食が最大になる時刻	種類	最大食部	半継続時間（分）	
			部分食	皆既食
2021年5月26日20時19分	皆既	1.02	94	9
2021年11月19日18時3分	部分	0.98	105	－
2022年11月8日19時59分	皆既	1.36	110	43
2023年10月29日5時14分	部分	0.13	40	－
2025年9月8日3時12分	皆既	1.37	105	41
2026年3月3日20時34分	皆既	1.16	104	30
2028年7月7日3時20分	部分	0.39	71	－
2029年1月1日1時52分	皆既	1.25	105	36
2030年6月16日3時33分	部分	0.51	73	－

2011年12月11日 東京都で撮影

よほど注意していないと気付きません．本影（ほんえい）は大きいので，皆既月食の継続時間は最大で1時間40分，前後の部分食を含めると最大で3時間40分にもなります．皆既月食は1年に1回程度起こります．月が見えている場所ならば，世界中のどこでも見られるので，皆既日食にくらべると見る機会ははるかに多いといえます．日本で起こる皆既月食は54ページの表のとおりです．

● 月食のメカニズム

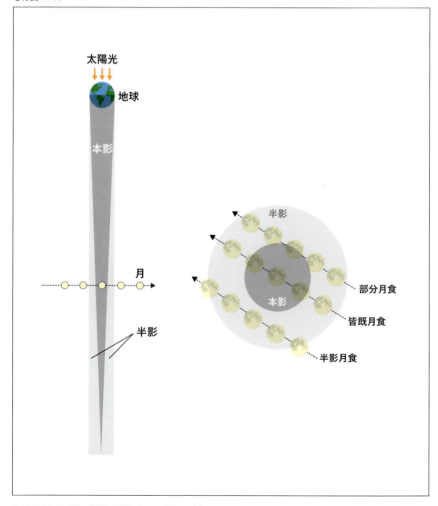

（天体の大きさと距離の関係は実際のものとは異なります）

月食ごとの明るさの違い

　月食前に地球上で大噴火があると，大気中のチリが邪魔をして月が暗くなることがあります。1982年4月にメキシコのエルチチョン火山が大噴火し，その年の12月30日の月食は月がほとんどわからなくなるほどの歴史的に暗い月食となりました。1991年6月にフィリピンのピナツボ火山が大噴火し，翌々年6月4日の月食もかなり暗い月食となりました。しかし，火山噴火があればいつも暗い月食になるわけではありません。火山灰や火山ガスを地上10km以上の成層圏にまでもたらす大噴火でないと暗くはなりません。

　このように月食ごとの明るさの違いを表わすため，20世紀初めフランスの天文学者ダンジョンによって導入された「ダンジョンのスケール」がよく使われます。ダンジョンのスケールは肉眼で見たときの月食の見え具合を0から4のスケールで表わしたものです。大気が澄んでいるかどうか，本影のどのくらい奥まで月が入り込む月食なのか，などは考慮されていないスケールなので大ざっぱなものですが，肉眼だけでも判断でき，長期間続けて記録しておくとなかなか役に立つスケールです。

　肉眼だけで月食を見るのは物足らないという人には，双眼鏡で見ることをお薦めします。周囲の星々の中にぽっかりと浮かぶ赤い月，運が良ければターコイズフリンジが見えるかもしれません。

●ダンジョンのスケール

スケール	月面のようす
0	非常に暗い。食の中心では暗くて月がほとんどわからない。
1	灰色または褐色。月はかなり暗く，いくつかの地形がやっとわかる。
2	暗茶色または暗赤色。本影の中心では非常に暗く，縁ではやや明るい。
3	赤色または赤レンガ色。本影の縁ではかなり明るく，黄色っぽく見える。
4	オレンジ色または赤銅色。本影の縁では非常に明るく，青っぽく見えることもある。

皆既日食中の月（2006年3月29日 リビアにて撮影）
通常の新月では，月は太陽の北側か南側にある．太陽と月がちょうど重なると日食になる．皆既日食のときに，月面では地球の反射光が最大になる．この写真は，そのことがわかりやすいように画像強調した．

エリア別

観察ガイド

コペルニクス
クレーターの王様

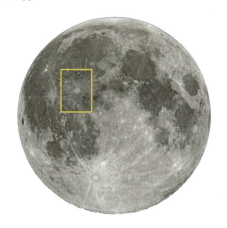

　コペルニクスは月のほぼ中央にある新鮮な大クレーターですから，小望遠鏡でもよくわかります．ここでは，コペルニクス周辺を詳しく見てみましょう．

　コペルニクスの直径は95km，この中に東京都がすっぽり入るほどの大きさです．クレーターのリムは周囲の海からの高さが1.4km，クレーターの深さは3.7kmで，欠け際で見ることが多いので深く感じられます．しかしコペルニクスを直径92cm・深さ3.7cmの巨大なピザ皿だと考えれば，直径35cm・深さ3.5cmの標準的なピザ皿にくらべて，どんなに平べったいものかが想像できるでしょう．

　直径20km以上の月のクレーターには，衝突時の反動で盛り上がってできた地形，中央丘があります．直径50km程度のクレーターまでは中央丘は1つですが，それ以上になるとコペルニクスのように複数の中央丘を持つクレーターが多くなります．

　直径15km以下のクレーターでは，クレーターの深さは直径の20％程度です．この程度の大きさならば，最初にあいた孔の原形がとどめられるためです．直径15kmよりも大きくなると，この比率はだんだん小さくなり，直径50kmで3400m，直径100kmで4200m，直径200kmで5100mとなります．月最大のクレーター(ベイスン)，南極＝エイトケンベイスンは直径2500km，深さ12kmで，深さ／直径比は0.2％しかありません．

　クレーター内部から溶岩が噴出するとクレーターは浅くなります．この例が

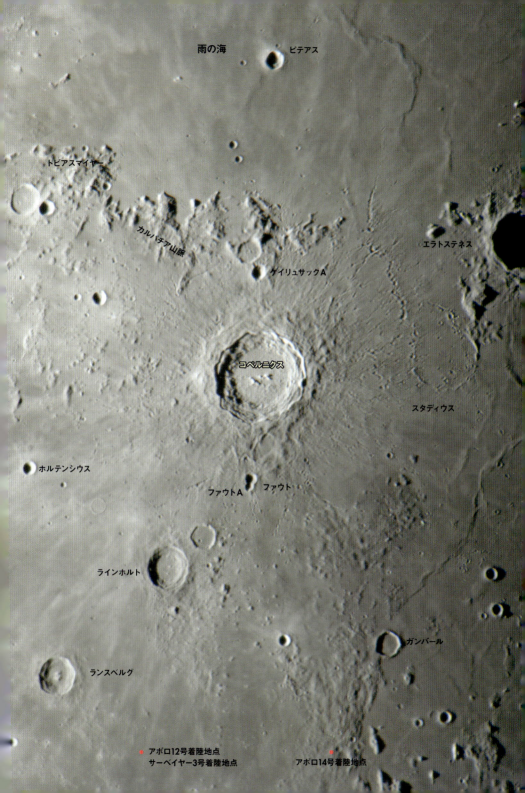

ガンバール(25km)で，2.6kmあったはずの深さが溶岩の埋め立てによって深さ1kmになっています．さらに埋め立てが進み，クレーターのリム(縁)の一部しか残っていないと幽霊クレーターと呼ばれるようになります．

さて，コペルニクスの外側には，クレーターからの放出物が見られます．リムのすぐ外側から20～30kmまでは砂丘状の放出物が，それから外側70～80kmまでは尾根とみぞ状の放出物が，その外側約500kmまでは2次クレーターが目立ちます．砂丘状の放出物と尾根と溝状の放出物は地表面にそって流れた放出物です．

2次クレーターは，衝突で粉砕された巨大なブロックが毎秒数kmの低速で斜めに衝突してできたものです(小天体の直接衝突でできるクレーターの衝突速度は毎秒数十km)．このため楕円形のクレーターが多く見られ，またわずかな時間差でつぎつぎと衝突するために，Vの字を並べたような特徴的な地形が見られます．コペルニクスの2次クレーターが北東方向に多いのは，小天体が南西から衝突したためかもしれません．

コペルニクスの2次クレーターで最大級のものは南側にあるダルマ状のクレーター，ファウト(12km)とファウトA(10km)です．2つのクレーターの境界はわかりませんから，ほぼ同時に大きな岩塊が衝突したことがわかります．また，コペルニクスからの地表面にそって流れた堆積物の影響は受けていないので，地表面にそって流れた堆積物が停止してから衝突したこともわかります．コペルニクスの北側にあるゲイリュサックA(15km)もコペルニクスの2次クレーターです．

このことから大きな2次クレーターは，親クレーターのリムから直径ぐらい離れた位置に出現し，その大きさは親クレーターの直径の15％程度だということができるかもしれません．さらに離れると2次クレーターの直径は小さくなりますがその数は増します．2次クレーターの分布は次のように説明されます．月面に小天体が衝突すると，衝突中心に近い物質ほど高い圧力を受けるために小さく砕かれ，高速で遠くまで飛ばされます．一方，衝突中心からやや離れた物質は，クレーター形成の末期に低い圧力しか受けなかったために砕かれずに大きな塊のまま，低速で近くに落下するのです．

月のどこが欠けているの？

　太陽が月面で頭の真上にある地点の緯度・経度を、太陽直下点の月面緯度・経度といい、l, b であらわします。観測者が知りたいのは月面の明暗界線の経度ですから、月面余経度 Y を導入し、下記の式で定義します。

$$Y = 90° - l$$

（ただし $l > 90°$ のときは $Y = 450° - l$）

　これは西回りに計った日の出の明暗界線の経度ということになります。天文年鑑には毎日9時の月面余経度 Y の数値が載っていますが、実際に上式に当てはめて計算し、月面図でその場所を調べるのは手間がかかります。やっかいな原因は、月の経度が東回りに定義されるのに、明暗界線の移動は西回りに進むためです。

　それならば月面図に東回りの経度を書き込めば、余経度 Y の東回りの経度が日の出の地域、それから180°離れた経度が日没の地域となります。実際に33ページで紹介した月面図にテプラで貼り込んだのが下の写真で、貼り込むのは表側だけで充分です。これで天文年鑑の月面余経度を書き込んだ緯度に合わせれば、すぐに明暗界線の地域がわかります。

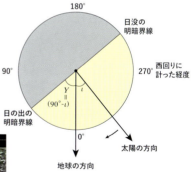

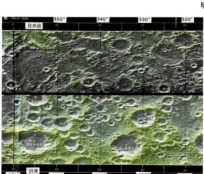

月面余経度

南部の高地
クレーターまたクレーター

　月の南部は多数のクレーターに覆われています。現在では、これらのクレーターの大部分は、小天体の衝突によってできたことがわかっています。しかし1950年代までは、火山の噴火でできたとする火山説と隕石の衝突でできたとする衝突説の2つの説が激しく議論されていました。というのは当時、地球上に小天体の衝突でできたことが証明されているクレーターは1つもなく、一方、月のクレーターは地球の火山性クレーター（火口）によく似ていたからです。

　月のクレーターの火山説を最初に説いたのは1787年、天王星の発見者として有名なイギリスの天文学者ウィリアム・ハーシェル（1738-1822）です。しかし、形の類似点だけではなく、原因となる要素にまで注目したのはナスミス（1808-1890）です。ナスミスはイギリスの鋳造工場主で、蒸気ハンマーやクーデ式望遠鏡の発明者としても知られています。彼は1874年にカーペンターと共に『月』を出版し、その中で月のクレーターは中央の火口から噴出した堆積物がもっとも高く積もった所がリムになるとしました。月に大きなクレーターができるのは、月の重力が小さいので噴出物が遠くまで飛ばされるためだと説明しました。

　しかしこれだけでは直径100km以上の大クレーターは説明できません。これを説明するために1950年頃の火山論者は、月の大クレーターは地球上のカルデラと同じ形成機構でできたと説明するようになりました。カルデラは、地下のマグマだまりから大量の溶岩や火山灰が地上に噴出し、地下に大きな空洞ができ

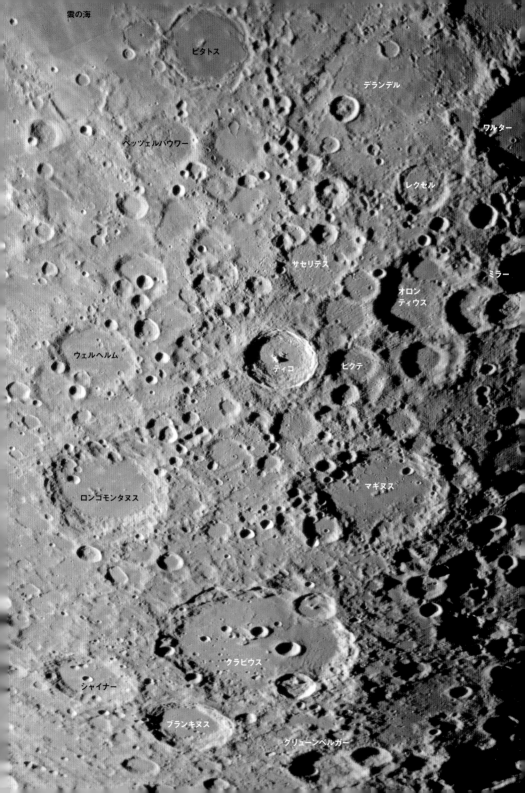

たために陥没してできた地形です. 地球上では阿蘇山, クラカトア(インドネシア), クレーターレイク(アメリカ)など多数のカルデラがあります. しかしさらに大きな直径300km以上のベイスンになると, 火山説では説明が困難になります.

隕石説は火山説よりも40年ほど遅れて, 1824年にドイツの天文学者グルイトイゼンがはじめて提唱しました. 18世紀までは隕石は, 地上の石が何らかの理由で舞い上がって再び地上に落ちたものと考えられていたので, 隕石説の登場が遅くなったのも無理もありません. 隕石が宇宙空間からやってきた物質であるとはっきりわかったのは1804年のことです. しかし困ったのは, 地球上には隕石の衝突でできたクレーターがなかなか見つからないことでした.

しかし, 1960年代になると地球上にも多数の衝突クレーターが見つかりました(現在では約190個). またアポロ等によって採取された月サンプル, 衝突実験やシミュレーションなどによって, 月のクレーターの大部分は小天体の衝突によってできたことがわかってきました. 地球の衝突クレーターが少ないのは, 雨風による侵食や土砂の堆積などによって, わかりにくくなってしまったためだったのです.

しかし大気のない月でも, 侵食や堆積がないわけではありません. たとえばクラビウス(直径225km)は, 多数の衝突クレーターによってリムや内部が破壊されつつあります. ティコ(直径85km)の周辺では, ティコからの放出物によって浸食されたり埋められたりして, 不明瞭になったクレーターがあることがわかります. 写真に見えないような小さな衝突によっても, しだいに浸食・堆積が進んでいきます.

浸食や堆積の度合いは, 同程度の大きさのクレーターで比較するとよくわかります. 衝突直後にはティコ(85km)のような新鮮なクレーターも, やがてはブランキヌス(105km)→シャイナー(110km)→サセリデス(90km)のように不明瞭になっていき, 40億年もたつとまったくわからなくなってしまいます.

Column

クレーターとは？

　クレーターとは，ギリシャ語のコップ，あるいはボウルのような器に由来する凹地を示す言葉で，成因を問いません．そこで火山噴火でできたクレーターは火山性クレーター，小天体の衝突でできたクレーターは衝突クレーターと区別して呼ばれています．火山の噴火にはいろいろな種類があるので，爆発力の大きな水蒸気爆発では，写真のように衝突クレーターと似たような地形ができます．

上：火山性クレーター（ホール・イン・ザ・グラウンド，米国 オレゴン州，直径1500m）
下：衝突クレーター（ウルフクリーク・クレーター，オーストラリア 西オーストラリア州，直径900m）

地形の新旧を調べる
地層の重なり方が決め手

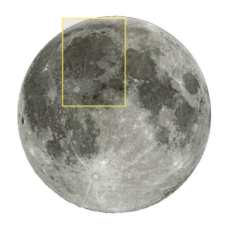

　雨の海周辺は，月でもっとも人気の高い地域です．望遠鏡で漫然と眺めていても楽しい地域ですが，地形のでき方を考えながら眺めると楽しさが増します．

地層の重なり方から新旧を考える

　この地域でもっとも目立つのは，雨の海を取りまくアルプス山脈，アペニン山脈，カルパチア山脈などの山脈です．これらは巨大な衝突クレーター，インブリウムベイスン（ベイスンは巨大クレーターの意味）の縁にあたります．インブリウムベイスンの中に雨の海の溶岩がたまっており，一方コペルニクスからの光条は雨の海の溶岩を覆っているので，コペルニクスは雨の海の溶岩よりも新しいことがわかります．したがって形成順序は，インブリウムベイスン→雨の海の溶岩→コペルニクスとなります．

　次に雨の海の中にあるクレーターに注目しましょう．オートリクス，アリスティルス，エラトステネスは，雨の海の溶岩の上にあります．ところがアルキメデス，プラトー，カッシニでは，クレーターができたときに飛び散った放出物が海の溶岩上にはみられません．これら3つのクレーターの形成後も，海の溶岩の噴出は続いていたということになります．つまり，アルキメデス，プラトー，カッシニ→雨の海の溶岩→オートリクス，アリスティルス，エラトステネスという形

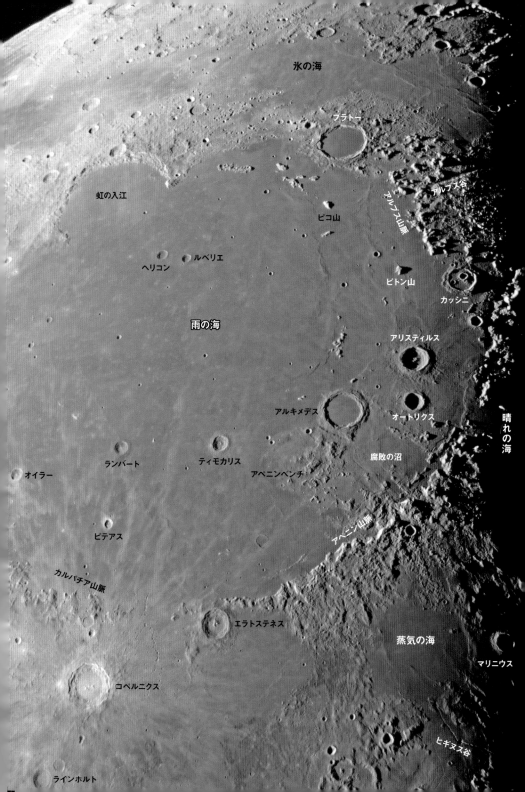

成順序になります.

　アルキメデスやプラトーは,内部を溶岩で埋められたクレーターです.これらのクレーターは,できた当初はコペルニクスのような形をしており,数億年後に溶岩が埋め立てたと考えられています.アルキメデスの内部の溶岩は,よく見ると光条物質に覆われています.どのクレーターからの光条か判定しにくいのですが,一部はアリスティルス起源だと考えられます.

　ヘリコン,ルベリエ,ティモカリス,ランバート,ピテアスと雨の海の溶岩との関係は,69ページの写真からではわかりませんが,73ページの写真からは推定できます.

　ヘリコンは周囲の放出物が完全に溶岩に埋められているので,ヘリコンをつくった衝突は周囲の溶岩の噴出時期よりは古いことがわかります.ルベリエ,ランバート,オイラーはそれぞれのクレーターの放出物の一部を溶岩が埋めているので,溶岩の噴出時期(20億年程度)の途中でできたクレーターであることがわかります.ピテアスをつくった衝突と溶岩の噴出時期の前後関係は,もう少し分解能の高い写真が欲しいところです.

光条は年代のスケール

　コペルニクスからの光条はエラトステネスの放出物を横切っているので,コペルニクスの方が新しいことがわかります.コペルニクスやアリスティルスは明るい光条がありますが,エラトステネスにはありません.地形から見てもコペルニクスやアリスティルスは,リムや中央丘,2次クレーターがはっきりしているのに,エラトステネスでは丸みをおびてぼんやりとしています.

　このことからもわかるように,衝突によってクレーターができた直後には明るい光条があり,時代がたつと共に淡くなり,ついには消えてしまうのです.コペルニクスのような大きなクレーターほどまき散らす光条物質は厚いので,光条は長期間(10億年程度)にわたって目立ちますが,小さなクレーターでは光条物質が薄いので,短期間(1億年程度)で消えてしまいます.

月の時代区分

　地球では，新生代・中生代・古生代のように生物(おもに動物)によって地質時代が区分されています．生物がいない月では，この方法で区分することができません．その代わりに考えられたのが，地形の重なり方から時代を区分する方法です．

　この方法の原形は1962年にE.シューメーカーとR.ハックマンによって作られたものです．月探査機のない当時は口径50〜60cmの屈折望遠鏡による地上からの観測によって作られました．やがてアポロによって持ち帰られた月の岩石から放射年代が決定され，下のような月の地質年代表が完成しました．

●月時代区分

年代	時代区分	時代区分の基準	主なクレーター
0（現在）〜10億年	コペルニクス代	光条のある大型クレーター	ティコ アリスティルス オートリクス コペルニクス
10億年〜32億年	エラトステネス代	光条のない大型クレーター	ラングレヌス エラトステネス テオフィルス
32億年〜38.5億年	インブリウム代	雨の海南部の溶岩流出時期 インブリウム・ベイスンの形成 （雨の海の凹地）	アルキメデス プラトー 虹の入江 大量の溶岩の流出
38.5億年〜39.2億年	ネクタリス代	ネクタリス・ベイスンの形成 （神酒の海の凹地）	クラビウス フラカストリウス 晴れの海 湿りの海
39.2億年〜45億年	先ネクタリス代		静かの海 嵐の大洋

[表]月の時代区分と，その時代に形成された地形およびその特徴が示されている．

雨の海の溶岩流を見る
望遠鏡で発見された溶岩流

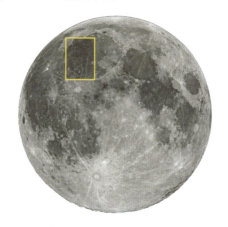

　雨の海西部は大きなクレーターもなく,寂しい感じがしますが,見どころには虹の入江があげられます.とくに下弦過ぎの夕暮れどきは息をのむような美しさです.虹の入江は,38.5億年前のインブリウムベイスン（雨の海の凹地）形成の直後,そのリムにできた直径260kmの衝突クレーターです．入江の北東端がラプラス岬,南西端がヘラクリデス岬で,雨の海に向かって突然落ち込んでいるので,断層によって切られていると推定されます.

　雨の海を埋める溶岩流は,大部分が38億〜30億年前に噴出したものです.月の海の溶岩流は玄武岩質で流動性に富んでいるため,薄く広がりやすいのが特徴で,大部分は厚さ10m以下しかありません.さらに30億年以上も微小隕石の衝突にさらされているために,溶岩流表面には厚さ5m以上の砂粒状のレゴリス層に覆われています.そのため,溶岩流の末端崖や側端崖がはっきりしません.

　ところが雨の海には例外的に厚い溶岩流があり,地上からの望遠鏡によって見えるのです.右の写真と74ページのアポロが撮影した写真をよく見くらべてください.カリーニ（直径11km）とマクドナルド（8km）の間,ルベリエ（20km）の東側に溶岩流の末端崖や側端崖が舌状にのびているのがわかります.この溶岩流を見るのには,この付近が欠け際にあり,口径20cm以上の望遠鏡で良シーイングに恵まれていなければなりません.しかし1回良シーイングで見方がわ

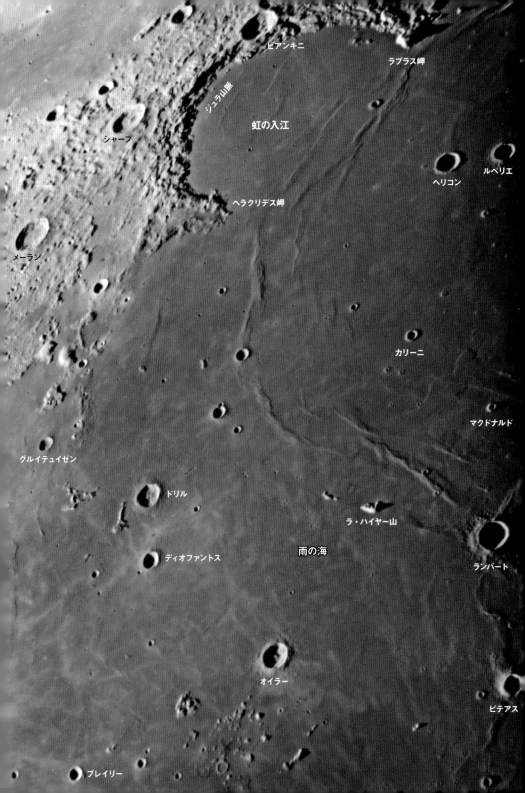

かってしまうと，多少シーイングが悪くとも見えてしまうのがおもしろいところです．

アポロの写真判読によると，この溶岩流は一連の噴火活動によるもので，噴出口はオイラー付近，全長600km・平均厚さ35mということです．口径20cmの望遠鏡の分解能は月面上で1kmですから，厚さ35mの溶岩流が見えるのが不思議な気がしますが，理由は73ページの写真のマクドナルド(8km)の影を見ればわかります．マクドナルドの高さは250mですが，太陽高度が2°以下のために影の長さは10km以上もあります．つまり月面観測では，低太陽高度を利用すれば，実質的な分解能を40倍以上も上げることができるのです．この効果によって，厚さ35mの溶岩流が地球から観測できるのです．

アポロ15号の軌道船から撮影した雨の海の溶岩流（提供：NASA）

地球の溶岩流も見てみよう

　雨の海の溶岩流を見る秘訣は，良い望遠鏡，良いシーイング，低い太陽高度に恵まれると共に，溶岩流がどのように見えるかをよく理解していることが必要です．

　月の地質学も，地球の溶岩流の研究や衝突クレーターの研究を通して進歩してきました．雨の海の溶岩流も1950年代前半には望遠鏡観測によってすでに知られており，アリゾナ大学のカイパーたちは地球の溶岩流との類似性から月の海は溶岩流からできていることを主張する根拠となったものです．私たちは火山国に住んでいるので，実物の溶岩流を見るチャンスには恵まれています．これを利用しない手はありません．

　私のお薦めの溶岩流は，伊豆大島の1986年の割れ目噴火の溶岩流です．その理由は，（1）月の溶岩流と同じ玄武岩質，（2）厚さが30mとほぼ同じ，（3）噴火から30年しかたっていないので植物などの被覆はわずかで新鮮なためです．東京竹芝から大島までの高速船を利用すれば，片道2時間で日帰りも可能です．実際に溶岩流を眺め，触って，溶岩流とはどのようなものかを実感しましょう．

北西上空から見た伊豆大島の中央部．三原山の火口と1986年噴火の割れ目火口と溶岩流がよくわかる．外側に見えるカルデラは直径4kmで，月のマクドナルドクレーターのわずか半分しかない．これにくらべて月の溶岩流は東京〜青森間の長さがあり，長大なことが実感できる．

晴れの海
アポロ17号の着陸地点

　晴れの海は，920kmのセラニタテスベイスン（直径920km，620kmの多重リング構造）の中に溶岩がたまった平原です．セラニタテスベイスンは，インブリウムベイスン（雨の海の凹地）からの放出物に覆われているために，ベイスンを縁取る山脈は，険しくはありません．東側にはタウルス山脈，南西側にはヘームス山脈，北西側にはコーカサス山脈があります．夢の湖の東側にある山塊が直径920kmのリング構造の一部，ポシドニウスからビテロビウスに連なる山塊が直径620kmのリング構造の一部です．

　晴れの海の東部には，全長500kmのうねうねとした尾根があり，サーペンティンリッジと呼ばれています．サーペンティンとは「蛇のように曲がりくねった」という意味です．リッジは緩やかな地形なので，太陽高度が低くなると晴れの海西部にあるリッジのようにはっきりしてきます．サーペンティンリッジは幅10km程度，高さ約200mで，その高まりの上にさらに高さ200m程度の急傾斜の尾根が重なります．

　リッジは晴れの海だけではなく，円形の海にはよく見られます．リッジは海の中心から3分の2ほどのところに分布し，その外側に谷があるのが普通です．晴れの海でも東部にあるサーペンティンリッジの外側にはG.ボンド谷やレーマー谷が，南西部にあるリッジの外側にはスルピキウス＝ガルス谷があります．

　晴れの海には大きなクレーターがなく，東縁のポシドニウス（95km）が目立ち

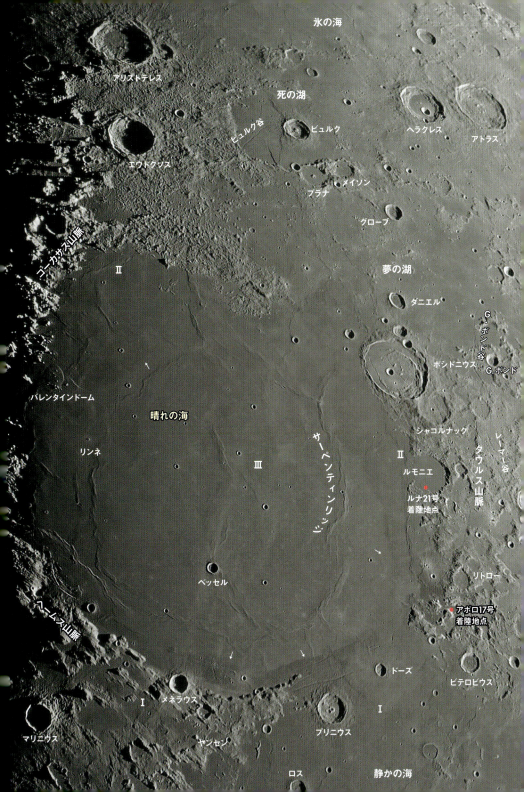

ます. ポシドニウスの特徴は, クレーターの中にクレーターがあることです. 外側のクレーターができた後, その内部に小天体が衝突することによって2重のクレーターができたと考えやすいのですが, クレーター内部に都合よく衝突するでしょうか. 内側クレーターの放出物が外側クレーター上に見られないことや, 外側クレーターを破壊していないことから, ポシドニウスは偶然の2重衝突でできたのではなさそうです.

　ポシドニウス内部には, 多数の放射状の谷があります. 放射状の谷は, 地下のマグマがクレーター底を押し上げてできた谷です. ポシドニウスの外側クレーター形成時に内部に環状割れ目ができ, 地下深くからのマグマ上昇によって, この環状部分を押し上げて2重のクレーターができ上がったと考えるのがよさそうです.

　海は玄武岩質の溶岩でできていますが, よく見ると晴れの海の溶岩は場所によって色が異なるのがわかります(→37ページ). 晴れの海中央部の溶岩は明るく赤っぽい(溶岩Ⅲ)のに対して, 晴れの海南部～静かの海の溶岩は暗くて青っぽく(溶岩Ⅰ), 晴れの海東部や北部の溶岩は溶岩Ⅰと溶岩Ⅲの中間的に性質(溶岩Ⅱ)であることがわかります. これらの色や明るさの違いは, 溶岩に含まれる鉄やチタンの量の違いによるもので, 噴出年代も異なります. アポロで採取した岩石の放射年代やクレーター密度年代から, 溶岩Ⅰは37億～38億年前, 溶岩Ⅱは35億年前, 溶岩Ⅲは30億～34億年前であることが知られています.

　晴れの海東部は, 米ソの月探査競争のフィナーレを飾る2つの探査機が着陸しています. 1972年12月11日に着陸した米国のアポロ17号はタウルス～リトロー峡谷の海に着陸し, 月面車で30kmを走り回り, 111kgの岩石試料を地球に持ち帰りました. 1か月後の翌1973年1月16日, ソ連のルナ21号無人月面車がルモンニエに着陸し, 139日間にわたって37kmを走破しました. 米ソの冷戦の産物だったとはいえ, 50年近く前の偉業をなつかしく思い出します.

　晴れの海西部にはリンネがあります. 光条を持つ直径2.5kmの小クレーターですが1866年, ドイツの天文学者シュミットが消えてしまったと発表して物議をかもしたクレーターです. 小さい望遠鏡では白斑にしか見えませんが, 口径15cmで良シーイング時には右の写真のようにクレーターであることがわかります. その北部にあるバレンタインドーム(直径30km, 高さ200m)は太陽高度の低いときの見所のひとつです.

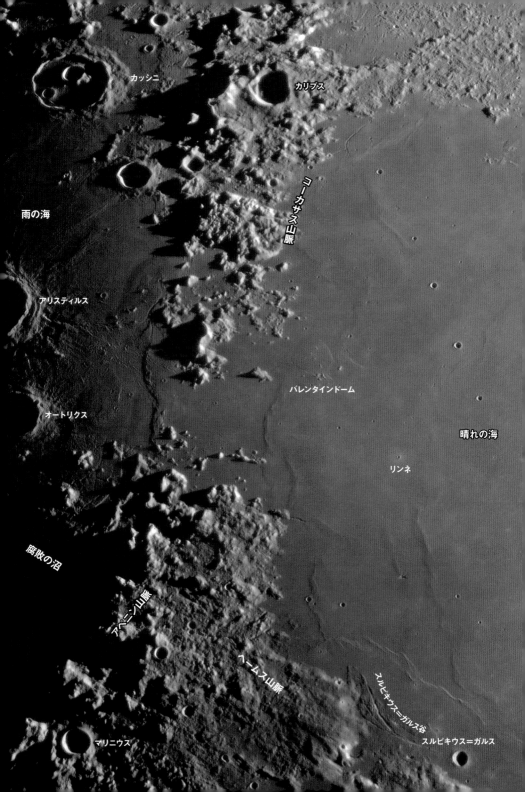

中央クレーター列
インブリウムのひっかき傷が残る

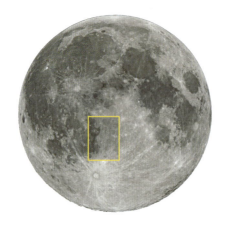

　月のほぼ中央で目立つのは，プトレメウス(153km)，アルフォンスス(118km)，アルザッケル(97km)のクレーター列です．このクレーター列は，月の中央の高地と海の境界にあり，南北に並んでいるので欠け際近くにあるときはよく目立ち，月観測者にはもっとも人気のある場所です．周辺を見回すと，北北東-南南西方向の無数の谷があることに気付きます．ヒッパルコス，フラマリオン，レオミュールのクレーターのリムがこの方向の谷によって破壊されています．谷の密度や大きさは写真の左上ほど著しく，右下になると軽微になります．

　19世紀末，アメリカ地質調査所の初代所長であったG.ギルバート(1843-1918)は，これらの谷がインブリウムベイスン(雨の海を囲む巨大衝突クレーター)形成時に飛び散った巨大岩片によるひっかき傷であることを見破り，「インブリウムのひっかき傷」と名付けました．

　インブリウムベイスンができたのは，38.5億年前のことです．インブリウムベイスン形成以前からあったプトレメウスやアルフォンススが六角形なのは，「インブリウムのひっかき傷」の影響を受けているためです．プトレメウスとアルフォンススのクレーター底が浅いのは，インブリウムベイスンの放出物によって厚さ数百mも埋め立てられているためです．このことは，インブリウムベイスン衝突後にできたアルザッケルの，無傷でクレーター底が深いこととは対照的です．

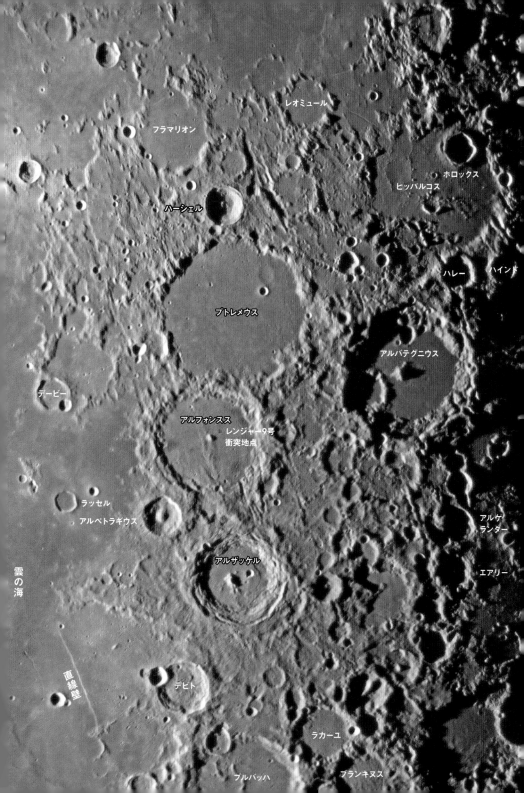

アルフォンススのクレーター底に4つの暗斑が見えます。それぞれの暗斑は割れ目の上にあり、暗斑の真ん中には小クレーターがあります。4か所も割れ目の上に小天体が偶然衝突して小クレーターができる可能性はほとんどありません。このことから、4つの小クレーターは爆発的な火山噴火の産物で、暗斑は周囲にまき散らされた玄武岩質の噴出物だと考えられるようになりました。

アルフォンススは小天体の衝突によってできたクレーターですが、後から火山活動が起こっています。このように衝突と火山のハイブリッドタイプのクレーターは海の縁に多く見られます。氷の海のアトラスは、このような一例です。

さてここで、「インブリウムのひっかき傷」を発見したギルバートについて触れましょう。ギルバートは、アメリカ西部の地質・地形研究のパイオニアで、教科書にも載るような優れた業績を残しています。1891年、彼はアリゾナ州にあるメテオールクレーター（当時コーンビュートと呼ばれていた）が隕石の衝突でできたのではないかと調査を始めました。しかし隕石の衝突でできた証拠を示すことができず、不本意ながら水蒸気爆発でできた火山（→67ページ）であると結論を出しました。

次に彼は月のクレーターに目を向けます。1892年8～10月、彼は月のクレーターの隕石説を証明するために、ワシントンにある海軍天文台の口径67cm屈折望遠鏡を使って18晩、月を観測します。この観測で彼は「インブリウムのひっかき傷」などをヒントに、「巨大な月のクレーター（インブリウムベイスンのこと）は地球の火山性のクレーターの大きさをはるかにしのぎ、小天体の衝突によってできた」と結論づけたのです。

彼は「インブリウムのひっかき傷」のほかにも、それまでの月面観測家が気付かなかった重要な観測をしています。たとえば、①月では小さなクレーターから巨大なクレーターまで形が連続的に変化していること、②クレーター内壁の階段状の地形が地滑りでできたこと、③クレーターの底はクレーター周囲の平原よりも低く、これは通常の火山活動ではできないこと……等々です。これらのことから、彼は月の大部分のクレーターが小天体の衝突でできたことを主張したのです。このときようやく、本格的な月の地質学や地形学が始まったといえるでしょう。

アポロ以前の月地図を見る

　1970年代以降になると，アポロなどの月探査機の成果によって詳しい月地図が出版されるようになりました．しかし，望遠鏡で月を眺める私たちにとって，それ以前の研究者が地上からの望遠鏡でどの程度まで月を詳しく観測していたかを知りたくなります．

　月は，17世紀初頭にガリレオが望遠鏡で観測して以来，多数の研究者によって観測されてきました．しかしもっとも本格的に観測されたのは，アポロ計画の準備が行なわれた1960年代前半です．その成果は，1960年代に42枚のLAC地図（縮尺100万分の1）として出版されました．現在では月惑星研究所のホームページ（*http://www.lpi.usra.edu/resources/mapcatalog/LAC/*）で見ることができます．

　LAC地図は，大望遠鏡で撮影された月面写真の上に，ローウェル天文台の口径50cmと60cmの2台の屈折望遠鏡での眼視観測の結果を加えたものです．下の例ではプラトーの中には22個もの小クレーターが描かれています．しかしLAC地図が完璧というわけではなく，アルプス谷の中の蛇行谷がいいかげんだったり，実際にはない谷が描かれていたりするので，あら探しをするのも楽しいものです．

　描写はエアブラシを使った大変美しい陰影法で，私たちが月面をスケッチするよい参考になります．

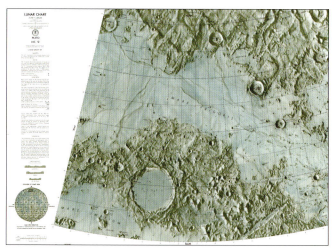

1967年に出版されたLAC月面図（プラトー付近）

神酒の海
2重構造がよくわかる海

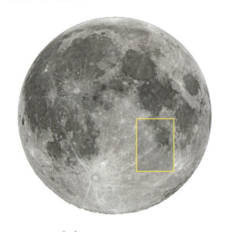

　ネクタリスベイスンとは、神酒（みき）の海の溶岩の器になったベイスンのことで、2重のリング構造がよくわかります。ピレネー山脈〜フリカストリウス〜ボーモン〜テオフィルスで縁取るのが内側リング（直径400km）、カント〜アルタイの崖〜ピッコロミニ〜ネアンダールで縁取るのが外側リング（直径860km）です。内側リングを埋める暗くて平坦な部分が神酒の海です。アポロ16号の採取したネクタリスベイスンからの放出物の年代測定から、ネクタリスベイスンができたのは39.2億年前だということがわかりました。

　神酒の海周辺で目立つのは、カタリナ（100km）、キリルス（98km）、テオフィルス（100km）のクレーター列です。神酒の海表面には、テオフィルスからまき散らされた多数の2次クレーターがあります。このことからテオフィルスは、神酒の海の溶岩噴出よりも新しい、20億年前頃にできたクレーターであることが推定されます。

　一方、くたびれたように見えるカタリナの注目点は、北東のリム上に重なる3つの不明瞭なクレーターです。これらのクレーターは、インブリウムベイスンからの放出物によってできた2次クレーターです。インブリウムベイスンができたのは38.5億年前、ネクタリスベイスンができたのは39.2億年前ですから、カタリナはこの間の8000万年間にできたことになります。インブリウムベイスンからの2次クレーターは、神酒の海の北東縁にあるカペラ（49km）も横切っ

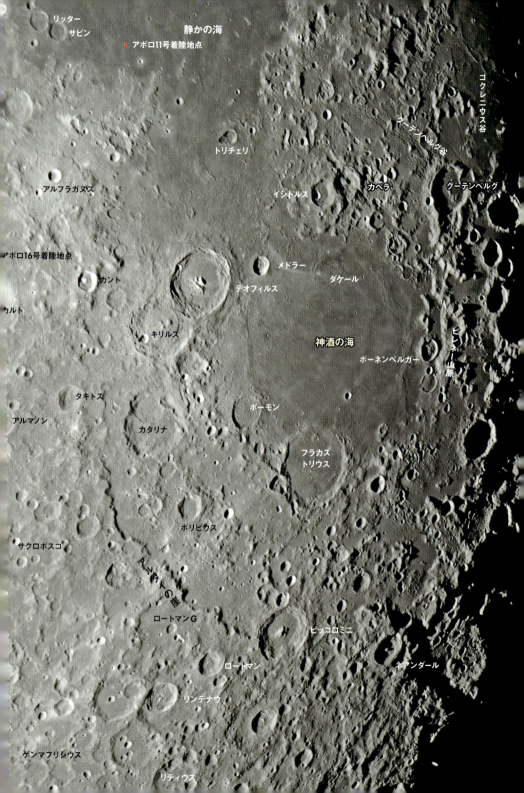

ています.

　アルタイの崖は高さ1〜3kmの崖で, 崖の南西側はネクタリスベイスンから
の放出物によって厚さ数百mも覆われている地域が広がります. サクロボスコ
(98km), ゲンマフリシウス(87km), リティウス(71km)などが, ネクタリスベイス
ンからの放出物によって覆われた, つまりネクタリスベイスンの形成以前にでき
たクレーターです. ピッコロミニ(87km), アルマノン(49km), リンデナウ(53km)
等, その形成以後にできたクレーターとの見かけの違いがはっきりわかります.

　ロートマンG(92km)は, アルタイの崖によって切られたクレーターです. と
いうことはアルタイの崖よりも古いはずですが, その割には地形がよく保存さ
れています. インブリウムベイスンの縁に相当するアペニン山脈(→69ページ)に
は, 古いクレーターはまったく見当たりません. なぜこのような違いが生じた
のでしょうか.

　B.ハートマンとC.ウッドは, アルタイの崖の地形が新しく見えることから,
ネクタリスベイスンの形成時ではなく, しばらくしてからできたと考えました.
つまり, ネクタリスベイスン形成後にロートマンGができ, その後の断層運動で
アルタイの崖ができたというシナリオです. 多重リング構造は巨大衝突後の不
安定な地形を解消するために, 数日程度でできたというのが従来の定説です.
このため, ハートマンたちの考えには手放しでは同調できませんが, ロートマン
G周辺の地形を見るとそうかもしれないと思われます.

　ネクタリスベイスンの内側リングと外側リングの間は, ネクタリスベイスン
形成時に完全に破壊された地域ですから, それよりも古いクレーターは残って
いません. ベイスンの多重リング構造の数は, 研究者によって数え方が違いま
すが, 多重リング構造の権威P.スピューデスによると, ネクタリスベイスンには
5重のリング構造があるといいます. 注意深く見ると, カタリナの南側からボ
リビウスの北側を通る3番目のリング構造(620km)があるのに気付きます.

月のベイスンの年代

衝突によってベイスンができると，遠くまで物質がまき散らされるので年代のよい基準面となります．これによって月の時代が区分されることは71ページで述べました．

ベイスンからの放出物の中には衝突時の高温によって溶融し，再び固まったインパクトメルトがあります．下表の形成年代は，アポロによって持ち帰られたインパクトメルトの年代を測って求めたものです．ここで注目したいのは，38億年前のオリエンタレベイスンの形成以降に巨大衝突はなかったこと，39.2～38.0億年前の1.2億年間に月表側のベイスンの半分をつくるほど，巨大衝突が頻繁に起こっていたことです．さらにアポロの持ち帰ったさまざまなインパクトメルトを調べると40～38億年前の年代を示すものが圧倒的に多いということがわかりました．このことから恐らくオーストラーレベイスン（南の海のベイスン）の衝突は約40億年前のことで，40億年～38億年前に巨大隕石が降りそそぐ重爆撃期があったことが推定されます．

重爆撃期があったことは1980年頃から推定されていましたが，その原因は不明でした．2005年，R.ゴメスなどによってその手がかりがようやくつかめました．太陽系ができて数億年たつと木星の軌道が内側にずれて，木星の公転周期と土星の公転周期の比が1：2の共鳴関係になります．これが小惑星帯の軌道安定性にも影響をおよぼし，不安定になった多数の小惑星が月や地球に衝突した，というシナリオです．地球最古の生命の痕跡は38億年前とされていますが，その前の姿を月がとどめているのです．

●月の表側のベイスン

ベイスン名	主リングの直径	関連する海など	形成年代
Orientale	930km	東の海	38.0億年前
Imbrium	1200km	雨の海	38.5億年前
Bailly	300km	バイイ	
Serenitatis	740km	晴れの海	
Crisium	1060km	危機の海	
Humorum	820km	湿りの海	
Humboldtianum	600km	フンボルト海	
Nectaris	860km	神酒の海	39.2億年前
Grimaldi	430km	グリマルディ	
Schiller-Zucchius	325km	シラー＝ズキウス	
Smythii	840km	スミス海	
Nubium	690km	雲の海	
Fecunditatis	690km	豊かの海	
Tranquillitatis	750km	静かの海	
Australe	880km	南の海	
South Pole-Aitken ※	2500km	南極＝エイトケンベイスン	

※月の裏側　罫線で境されていないベイスンは上下関係が不明．(主にWilhelms, 1984による)

湿りの海
いろいろな谷の宝庫

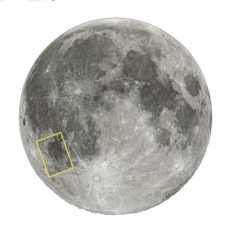

　湿りの海は，表側の西部でもっとも目立つ海です．海の直径は435kmと小ぶりで，周囲を取りまく山脈も雨の海のようには険しくありません．湿りの海は，39億年前の巨大衝突によってできたヒュモラムベイスン内部に，玄武岩質の溶岩がたまってできた平原です．

　まず目立つのは，湿りの海の北縁にあるガッセンディ（直径110km）で，内部には直線的な谷が交差しています．ガッセンディ内部の溶岩は，湿りの海の溶岩とつながっているようにも見えますが，探査機の画像ではその間はリムによって境されていることがわかります．したがってガッセンディ内部の溶岩は，クレーター内部から噴出したものです．

　湿りの海の南縁にあるビテロ（42km）内部には環状の谷があります．この谷もガッセンディの谷と同様にクレーターが衝突によってできた後，ヒュモラムベイスン形成時の古い地下の割れ目にそってマグマが上昇し，クレーター底を押し上げてできた割れ目（谷）です．

　湿りの海周辺にはたくさんの谷があります．右の写真には，良シーイング時に口径20cm級の望遠鏡で見られるすべての谷が写っています．　湿りの海南東のヒッパルス付近にも，クレーターの名前にちなんだヒッパルス谷があります．湿りの海を取り囲むように3つの谷が弧状に平行して並び，谷の幅はそれぞれ約3km，長さは東京〜名古屋の距離に匹敵する300kmもあります．

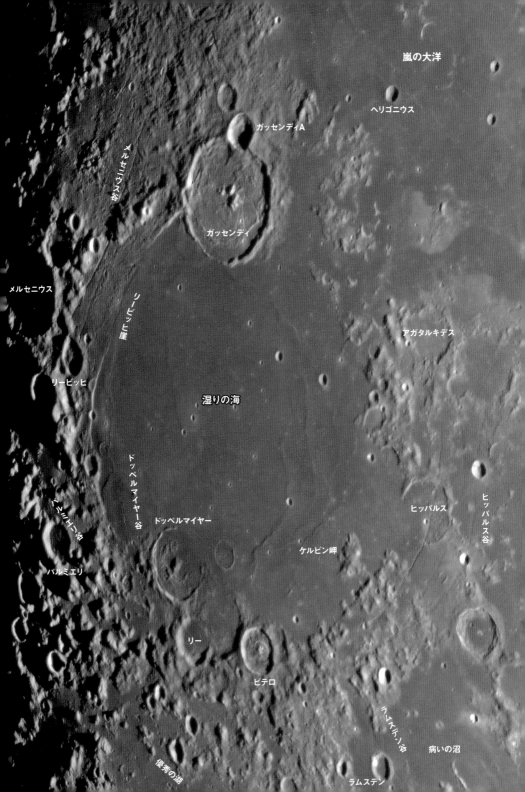

ヒッパルス谷の断面形は，V字型ではなく凹字型です．谷壁は急斜面で谷底は平ら，このような谷の形状は，横からの引っ張りによってできた地溝の特徴です．

　ヒッパルス谷の内側の海表面には同心円状にリッジ（尾根）があります．このように海の外縁部には谷，その内側にはリッジが分布するという組み合わせは，円形の海にはよく見られます．海の中央部に溶岩が厚くたまると，その荷重によって海の中心部は沈降します．その結果，海周辺部は水平方向に引っ張られて地溝ができます．このようなことが何回か繰り返されて地溝ができると，こんどは海の表面積が余ってしわ状のリッジができるというわけです．

　湿りの海の西側には，長さ180kmのリービッヒ崖があります．この崖は，東側が落ち込んだ正断層で，東側は玄武岩質の溶岩に覆われた海です．西側は，東側の海の溶岩にくらべると上に重なる小クレーターの数も多く，明るい物質からできており，ヒュモラムベイスンができた直後に噴出した溶岩ではないかと推定されます．雨の海にあるアルキメデス南側にあるアペニンベンチと呼ばれる地形（→69ページ）も，その上に重なる小クレーターが海よりも多く，明るい特徴を持つので，同じ成因の地形だと考えられます．

　リービッヒ崖の内側には，断面形がV字型のドッペルマイヤー谷があります．この谷の周辺が暗いのは，DMD（Dark Mantle Deposits：暗く覆う噴出物）が分布しているためです．ドッペルマイヤークレーターの北西部にもDMDが分布しています．DMDは，噴水のように空中に舞い上がった溶岩のしぶきが降下・堆積した火山噴出物で，ドッペルマイヤー谷がマグマの出口，つまり割れ目火口となっています．

　このほかにもこの写真には多くの谷が写っています．湿りの海西部にはメルセニウス谷（長さ300km）とパルミエリ谷（150km）が，湿りの海南西部にはラムスデン谷（108km）があります．分布や形などから成因を考えながら眺めると興味はつきません．

　クレーターを切ってのびている谷もあれば，そこで止まっている谷もあり，クレーターと谷のどちらが先にできたかを推定できます．また谷の形もさまざまで谷同士が平行であったり交差していたりします．

90

Column

クレーターの名前を付けたのは誰？

　現在使っている表側のクレーターの名前の多くを付けたのは、イタリアのボローニャ大学の天文学者リチオリです。彼は1651年、弟子のグルマルディとシルサリスの観測に基づいて、月面図を発表しました。リチオリはこの月面図に、クレーターに著名な人の名前を付けるという方法で約300個のクレーターに名前を付けました。

　人名は主に天文学者を採用し、そのほかに、哲学者、地理学者などから取りました。彼は昔の人名ほど北側に、新しい人名ほど南側に置きました。北部の大クレーターに古代ギリシャのプラトー（プラトン）、アリストテレス、アルキメデスなどの名前が付いているのはこのためです。ティコ、クラビウス、シラーといった16世紀の人名は南半球の大クレーターに付いています。リチオリの月面図が本の綴じ込みで発行部数が多かったことも広く使われるようになった一因です。

　また国籍、学派が同じ人々は近くなるように考慮しています。たとえば古代ギリシャの天文学者で地動説の創案者アリスタルコスをはじめとする地動説の支持者のコペルニクス、ケプラー、ガリレイなどの名前は嵐の大洋のクレーターに付けられています。一説によると、リチオリは天動説を信じたので、地動説の支持者は何もない海の真ん中に追いやり、天動説の支持者のティコをクレーターの密集する南部高地の一番目立つクレーターの名前にしたともいわれています。

　リチオリ自身と弟子のグルマルディの名前は、月の西縁の大クレーターに付けました。暗い溶岩で満たされた、太陽がどの角度から照らしてもはっきりとわかるクレーターに自分たちの名前を付けたのは抜け目がありません。

　このように多少のえこひいきはありましたが、リチオリの命名法はすぐれていたので、現在リチオリの付けた地名が250個残されています。リチオリは月の目立つクレーターのほとんどに名前を付けてしまったので、その後に活躍したニュートンのような大科学者の名前は、南極付近の見にくいクレーターに付けられています。

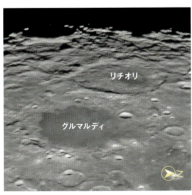

グルマルディ（172km）とリチオリ（139km）のクレーター

91

危機の海
双眼鏡で見ると巨大なクレーター

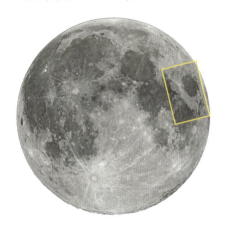

　危機の海は，クリシウムベイスン内部に溶岩がたまってできた平原です．月には二十数個の海がありますが，ほとんどの海は隣りあう海とつながっています．しかし危機の海はどの海ともつながっていないので，双眼鏡では巨大なクレーターのように見えます．月の標高図（→164ページ）を見てもわかるように，危機の海の表面は標高−4kmで，表側ではもっとも深い海です．月の西縁にあるオリエンタレベイスンは3重のリング構造を持つことで有名ですが，P.スピューデスは危機の海周辺にも5重のリング構造を認めています．

　一番内側は危機の海内部のリッジ（尾根）で示されます．「かぐや」のレーダー高度計のデータを見ると，このリッジよりも内側では海の表面が数百m低くなっているので，リッジよりもゆるやかなスロープといった方がよいかもしれません．右の写真でもリッジよりも内側が低い様子が読み取れます．

　2番目のリング構造は危機の海を取りまく急崖です．3番目のリング構造はクレオメデス（126km）の東西の山列（青矢印）からたどっていけます．クレオメデスの南側には危機の海を取りまくように細長い海があり，その東部は蛇の海と呼ばれています．4番目のリング構造はゲミヌス（86km）の東西の山列（黄矢印）からたどれます．

　これらのリング構造は，クリシウムベイスンを形成する巨大衝突が起こったとき，一時的に深さ数十kmの深い凹地ができ，その凹地に向かって周囲の地殻

が地滑り状に移動した断層崖だと考えられます．したがってリング構造のある場所は，地下深くまで断層が入っているので，この断層を通じて後に地下深くに発生した玄武岩質マグマが上昇・噴出し，危機の海，蛇の海，波の海などを形成したと考えられています．またクレオメデス，エルミナート，コンドルセ，フィルミクス，アポロニウスなどのクレーター内部が溶岩で埋められているのも，このような割れ目の多い場所だったためと考えられています．

　プロクルス(28km)は，危機の海の西にある新しいクレーターで，特徴的な光条を持つことで知られています．光条のあるのは危機の海側だけで，反対側の扇形の部分には光条がありません．なぜこの部分に光条がないのかは，1978年カリフォルニア大学のゴールトらが高速衝突実験によって明らかにしました．

　彼らは，月面とのなす角が15°以下の浅い角度での衝突では，扇を広げたような光条物質が飛び散らない部分ができることを突き止めました．この実験から，プロクルスは月面に対して浅い角度の衝突でできたことがわかりました．光条のない部分は高地で起伏に富んでいますが，相対的に暗く見えるので「夢の湖」と名付けられています．

　危機の海は，ソ連の無人探査機が3回の着陸を試みています．1回目は1969年7月13日に打ち上げられたルナ15号で，アポロ11号打ち上げの3日前のことです．ソ連は人間を月に送り込むために開発した巨大ロケットN-1の失敗によって人類初着陸は諦めざるを得ませんでしたが，一矢を報いるため無人着陸機によって月の石を最初に持ち帰ることをねらったのです．7月21日15時51分，アームストロング・オルドリンの月面滞在中に，ルナ15号は危機の海の中北部(60°E・17°N)に衝突・失敗し，最後の望みは絶たれました．2回目のルナ23号(1974年10月28日打ち上げ)では着陸には成功しますがサンプリングに失敗，3回目のルナ24号(1976年8月9日打ち上げ)でようやくサンプルリターンに成功します．これを最後に月探査は長い休止期に入ります．

Column

月の地名の付け方

　月には名前を持つ地形が，約1400個あります．1930年頃までは，さまざまな月観測者が勝手に名前を付けていたので，地名が混乱していました．そこで国際天文連盟(IAU)が命名委員会を作り，1935年に従来の地名を整理し，現在使われている572の地名が承認されました．1970年IAUは，それまでに探査機によって発見された主に裏側の500以上の地形を承認し，その後も少しずつ加えられています．

　月では直径20km以上のクレーターに主に科学者の名前が付けられています．下の図でアリスタルコスは直径40kmです．直径20km以下のクレーターには，近くのクレーター名の後に，「A，B，C…」のようにローマ字の大文字を付けてヘロドトスA，アリスタルコスFのように呼びます．

　ドームのような凸の地形には，近くのクレーター名の後に，「α，β，γ…」のようにギリシャ文字の小文字を付けてヘロドトスδのように呼びます．谷は，近くのクレーター名の後に「谷」を付けてアリスタルコス谷のように呼びます．何本もの谷がある場合にはさらに「Ⅰ，Ⅱ，Ⅲ，Ⅳ…」のようにローマ数字を付け，アリスタルコス谷Ⅳのように呼んで区別します．

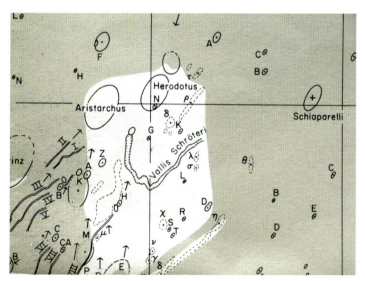

この地図は『Lunar Designations and Position』(1964年発行)のアリスタルコス付近で南が上になっている．

静かの海東部
アポロ11号の着陸地点

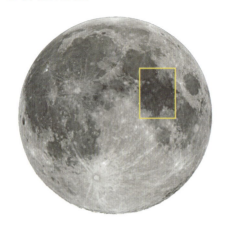

　静かの海は，人類初のアポロ11号着陸地点として有名な割には，とらえどころのない海です．典型的な海は，衝突によってできたベイスンと呼ばれる内部に溶岩がたまった平らな場所です．そのため雨の海のように円形で，周囲は険しい山脈に囲まれています．ところが静かの海は，周囲には高い山脈もなければ，輪郭も不明瞭です．おそらく，もともとのベイスンはあったものの，その後，晴れの海，危機の海，神酒の海のベイスン形成時に大量の放出物で埋め立てられたために，はっきりしなくなったと推定されます．

　このため，静かの海は海岸線が入り組んでおり，多くの入江があり，「愛の入江(Sinus Amoris)」，「調和の入江(Sinus Concordiae)」，「荒涼の入江(Sinus Asperitatis)」と名付けられています．これらの名称はあまりなじみがありませんが，1976年にIAU(国際天文連盟)で命名・承認されたものです．

　静かの海東部の見どころは，コーシー(直径12km)付近にあります．コーシーの北にあるのがコーシー谷，南にあるのがコーシー崖です．右の写真では西から日光が当たっており，照らされて光っている部分と影の部分から判断して，コーシーの北にあるのが谷，南にあるのが崖であることがわかります．しかし良シーイング時に口径30cmクラスで見ると，コーシー崖も両端では谷になっていることに気付きます．

　コーシー崖の南には2つのドームが並んでいます．いずれも直径は約10km，

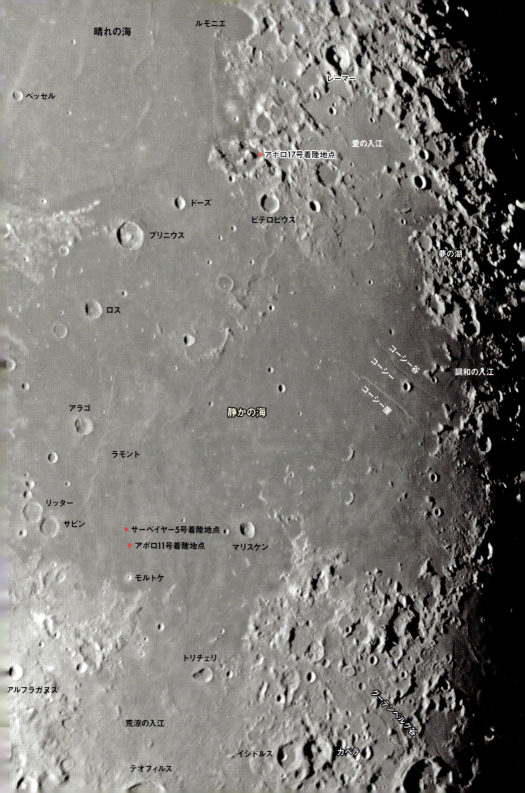

東側のドーム山頂にはクレーターがあります. 太陽高度が高くてわかりにくいのですが, コーシーの崖の北西延長上にもほぼ同じ大きさのドームがあります. さらに小さなものを含めると, この周辺には合計20個以上のドームがあります. 月のドームは, 地球上の盾状火山と同じもので, 山腹傾斜がわずか数度しかありません. そのため, 欠け際ぎりぎりのときに初めて存在がわかることもあるので, 注意深く観察することが必要です.

アポロ11号の月着陸

人類初の月着陸をめざすアポロ11号の着陸地点に選ばれたのは, 静かの海南部でした. 選ばれた理由は, ほぼ赤道上にあって平らという理由からです.

アポロ11号の月着陸の2か月前, 1969年5月23日にアポロ10号が月周回軌道上から静かの海南部の着陸予定地を偵察します. 小クレーターや点在する岩石も少なく, 着陸OKになります. 7月16日に打ち上げられたアポロ11号の着陸船は, 着陸予定地に向かってどんどん降下します. アームストロング船長が着陸船の小窓から見た着陸予定地は予想以上に起伏に富み, 巨岩がごろごろしているのに驚きます. アポロ10号での偵察時には太陽高度が約10°だったのに対して, アポロ11号の着陸時刻は, 緩やかな起伏も判断しやすいように太陽高度が数度の日の出直後(ほぼ103ページの写真と同じ太陽高度)が選ばれたからです.

高度300mまで降下したとき, アームストロング船長は手動操縦に切り替えて着陸船を水平移動させ, ようやく見つけた滑らかな一画に着陸させます. アームストロングが米空軍トップクラスのテストパイロットだった経験が生かされたのです. わずか2時間半の船外活動でしたが, 持ち帰った岩石試料から月の海が玄武岩でできていること, 年代が30数億年と非常に古いこと, 高地は斜長岩でできていることなどが明らかになり, その後の月科学の大きな一歩となりました.

Column

月の地名の読み方

　29ページではアメリカで発行されている月面図を紹介しましたが，外国語だと一歩引いてしまう人もいるでしょう．月のクレーターには主に科学者の名前が付けられていますが，アメリカ人もいれば，ドイツ人，フランス人，ロシア人，日本人などもいます．

　人名はアルファベットで表記されていますが，アメリカ人でも正しく発音できるわけではありません．月で一番有名なクレーターのひとつ，ティコはデンマークの観測天文学者ティコ・ブラーエにちなんだ名前ですが，アメリカでは研究者でさえタイコと発音することがまかり通っています．これはニコンをナイコンと発音するようなもの

です．私は，人名は母国で発音されるのに近い発音で呼ぶのがよいと思います．月のクレーターに採用されているのは著名な科学者が多いので，英和辞典や百科事典で検索すると，たいていは呼び方が見つかります．

　クレーターは，名前だけで呼ばれますが，クレーター以外の海，山，谷などの地形は，地形を表わす下記のラテン語との組み合わせで表わします．たとえば静かの海は「Mare Imbirum」（マレインブリウム），ヒギヌス谷は「Rima Hyginus」（リマヒギヌス）と呼びます．下記の13単語を覚えておけば，外国の月面図も問題なく使えます．

●月の地形の名称

正式名（カッコ内は複数形）	英語	日本語
Catena（catenae）	Chain of craters	谷（クレーター列）
Crater（cratera）	Crater	クレーター
Dorsum（dorsa）	Ridge	リッジ（尾根）
Lacus（lacûs）	Lake	湖
Mare（maria）	Sea	海
Mons（montes）	Mountain	山，山脈
Oceanus（oceani）	Ocean	大洋
Pulus（paludes）	Swamp	沼
Promontorium（promontoria）	Peninsula	岬
Rima（rimae）	Fissure	谷
Rupes（rupês）	Scarp	崖
Sinus（sinûs）	Bay	入江
Vallis（valles）	Sinuous valley, or linear deppression	蛇行谷，谷

静かの海西部
リッジと谷が錯綜する

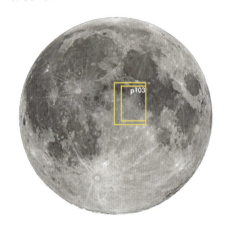

　静かの海の周辺部には，多数の谷があります．マクリアー谷，ソシゲネス谷，ハイパティア谷など主だったものには名前を入れておきましたが，これ以外にも静かの海を中心とした同心円状の谷がたくさん写っています．これらの谷は張力によってできた地溝で，静かの海中央部に溶岩が厚く堆積して沈降したために，海の周辺部に張力が働いてできた谷です．その余剰の表面積が海の中央部でしわとなり，ラモントのリンクルリッジができたと考えられます．

　静かの海西縁から西へのびる直線状の谷がアリアデウス谷(長さ250km)です．谷の名前は，谷の南東端にある小クレーター，アリアデウス(11km)にちなみます．谷幅は一様で4.5km，深さは500mで断面が箱(凹)形の地溝です．

　月の地溝には弧状のものと直線状のものがあります．弧状の谷(地溝)の例は，湿りの海東縁のヒッパルス谷(→89ページ)で，海中央への溶岩の荷重によって張力が働いてできたものです．

　直線状の谷(地溝)の例は，アリアデウス谷やシルサリス谷(→147ページ)です．直線状の谷の成因は，地下への岩脈の貫入が原因だと考えられています．地下深くにあったマグマが垂直のウェッジ状に上昇すると，その幅の分だけ地表が左右に引き裂かれて落ち込みます．地球上でこのようにしてできる地溝は，中央海嶺の頂部やアイスランドのティングベトリルで見ることができます．

　アリアデウス谷では，いくつかの尾根や山塊を横切っていますが，そこでも谷

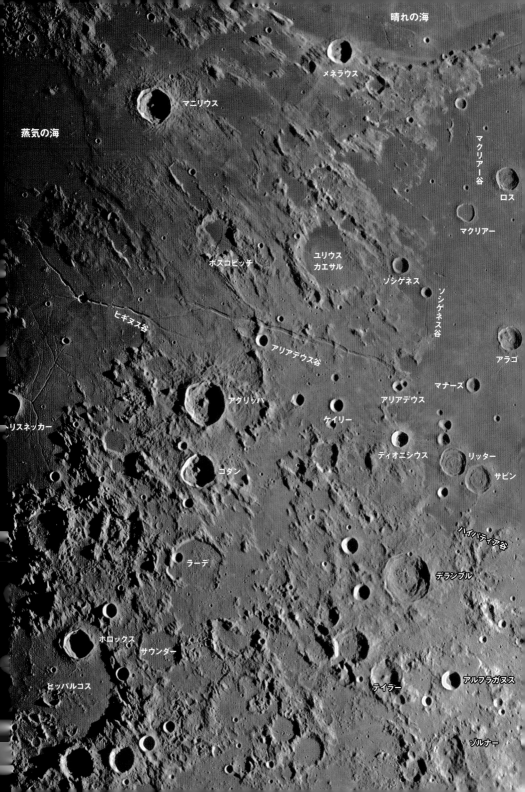

の落差は維持したままです。谷の中央部では，谷の東側に対して西側は5km程度南側にずれています。アリアデウス谷が岩脈起源であることは，同じく岩脈起源であるヒギヌス谷と平行していることからも裏付けられます。アポロやルナプロスペクターがシルサリス谷の上空で大きな磁気異常を測定したことも，谷が岩脈起源である有力な証拠となっています。

　101ページは満月前の，右ページは満月過ぎの写真です。太陽高度が低いとアラゴ（26km）の東にある多数のリンクルリッジの集合，ラモントが目立ちます。リンクルとはしわのことで，シーツにできるようなしわに似た尾根（リッジ）のことをリンクルリッジといます。ラモントのリンクルリッジは，ほかの海にあるリンクルリッジにくらべて，低くて幅も狭いので，右ページのように太陽高度が5°以下のときが観測の好期です。

　アラゴの北と西にあるドーム α と β があります。どちらのドームも直径20kmの月最大級のドームですが，高さはわずか300mしかありません。月のほかのドームにくらべて表面がざらざらしているのが特徴で，地球上の盾状火山に相当するものです。

　静かの海南西部には双子クレーター，サビン（30km）とリッター（31km）があります。この2つのクレーターが別々の衝突によってできたとすると，一方のクレーターの放出物がもう一方のクレーターを覆っているはずですが，そのようには見えません。このことから1960年代には火山性クレーターの有力候補にあげられていました。しかし1990年代には，木星に衝突したシューメーカー・レビー第9彗星のように潮汐力によって分裂した彗星・小惑星が月面に衝突したり，衛星を持った小惑星が月面に衝突することによって，このような双子クレーターができることがわかってきました。

　サビンの東南東80kmには，人類が最初に月面着陸に成功したアポロ11号の着陸地点があります。クレーター名は，生存中の人名にはつけない規則になっています。しかしアポロ11号の搭乗員，アームストロング，オルドリン，コリンズは唯一の例外で，着陸地点付近の小クレーターに名前が付いています。

豊かの海
欠け際に並ぶ4つの大クレーター

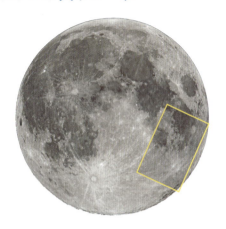

　満月を過ぎて1〜2日で見えるのがこの地域で,欠け際に並ぶ4つの大クレーター,ラングレヌス(132km),フェンデリヌス(147km),ペタビウス(177km),フルネリウス(135km)が目立ちます.いずれもコペルニクス(95km)をしのぐ大型クレーターです.

　最大のペタビウスは約38億年前のやや古いクレーターですが,クレーター外側の放射状の尾根,階段状のクレーター壁,小さな山塊が集合した中央丘から南西に力強くのびるペタビウス谷など実に堂々としたクレーターで,地球から見ると見下ろすような好位置にあります.

　フルネリウスの北側には神酒の海からのびる浅い谷があります.この谷は,レイタ谷と同じように,ネクタリスベイスンからの放出物によってできた浅いクレーターが連続した谷です.スネリウスにもこの谷の影響がおよんでいるので,スネリウスはネクタリスベイスンよりも古いことがわかります.

　4つの大クレーターのうちでもっとも新鮮なのはラングレヌスで,口径15cm級の望遠鏡ではラングレヌスからの2次クレーターがよく見えます.しかし光条は,コペルニクスのものとくらべると貧弱です.衝突によってまき散らされる光条物質は,微小隕石の衝突でレゴリス(表土)とかき混ぜられることによって消失していきます.光条物質はクレーターが大きいほど厚い(といっても数10cm程度)ので,光条がわからなくなるのに時間がかかります.このことから,コ

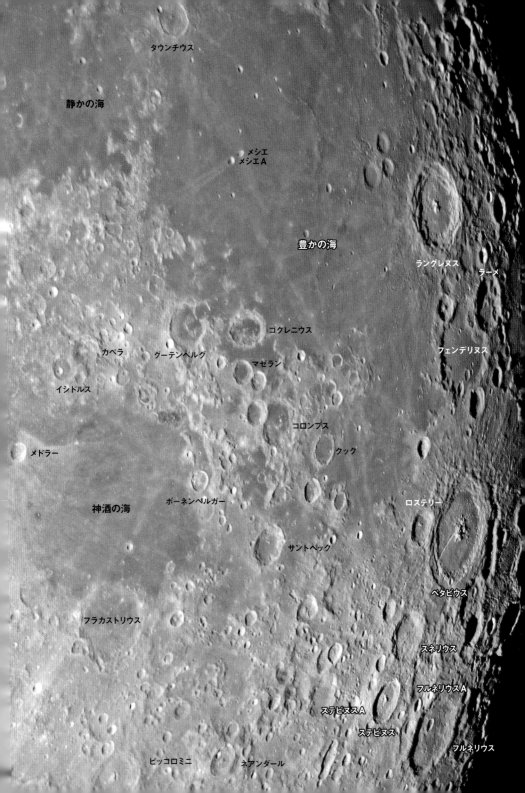

ペルニクスの衝突年代が10億年前なので、ラングレヌスは20億年前ぐらいであることが推定できます。

光条は、太陽高度が高くなるほど明るく輝きます。満月の写真を見ると、ステビヌスの東西に明るく輝く光条があるのがわかりますが、その光条を放っているのがステビヌスA（8km）とフルネリウスA（12km）です。この写真でもフルネリウスAからの光条は、メシエ付近まで1000km以上ものびていることがわかります。このような小クレーターでも目立つ光条を持つのは、衝突年代がきわめて新しく、数百万年前の衝突によってできたと推定されます。

メシエからの光条も興味深いものです。彗星の尾のように西南西方向にのびているのが特徴で、コメット・テールの愛称で呼ばれています。メシエは双子のクレーターで、東側のクレーター（メシエ）は14km×8kmの楕円形、西側のクレーター（メシエA、かつてはピカリングと呼ばれていた）は直径13kmで西壁が2重構造になっています。

このような奇妙なクレーターと光条の成因について、18世紀以来さまざまな諸説珍説が現れました。その一例は、1952年にアメリカの隕石のスペシャリスト、H.ニニンガー（1887-1986）の次の説です。「浅い角度で衝突した隕石は、厚さ数千フィートの脆弱な層を貫き、その下の硬い層で跳ね返り、反対側から飛び出た」という説で、入口がメシエ、出口がメシエAで、その間はトンネルでつながっているというのです。

メシエ、メシエAの成因にようやくまともな解決策を出したのは1978年、D.ゴールドとJ.ウェディキンドの衝突実験です。彼らは秒速6.4kmで弾丸を軽石の細粉のターゲットにさまざまな角度で打ち込み、1°～5°のときに地面をかすめた弾丸が楕円形クレーターをつくり、再び着地した弾丸によってメシエそっくりの光条ができることを突き止めました。

このように光条に注目することによって、月面で起きたさまざまな事件の謎解きをすることができます。

Column

ルナー・リコナイサンス・オービター
（LRO）

　米国のLROは重量1.2tの中型探査機で、2009年6月に打ち上げられました。リコナイサンスとは偵察の意味です。月の北極・南極の上空を通過する高度50～200kmの極軌道をとりました。日本の「かぐや」は2007年10月～2009年6月の1年8か月間にわたって月を周回しましたが、LROは最初に予定された1年をはるかに超えて現在まで9年も周回し、新しいデータを送り続けています。

　私が注目するLROの搭載機器は広角カメラ（分解能100m）と望遠カメラ（分解能50cm）です。NASAでは初めてKバンドの高速通信方式を採用し、大量の画像データを毎日155Gバイトで地球に送ってきます。長期間の運用では、運用にかかる経費もバカになりません。

　そこでNASAでは広角・望遠カメラの製作からの運用、データの公開から広報までのすべてをアリゾナ州立大学に任せています。こうすることによってNASAは運用経費を激減できますし、アリゾナ州立大学では自分たちの成果になるということで頑張れますし、新しい研究者・技術者の育成にも役立ちます。得られた成果はWebサイトで頻繁に公開され、本書でも最新の成果の一部を紹介しています。

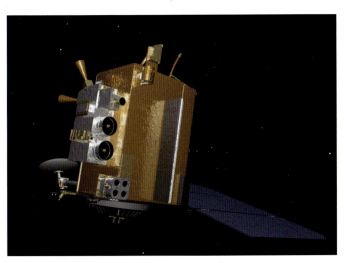

LROのイメージ図（NASA/GSFC/Arizona State University）
広角カメラ、望遠カメラが搭載されている。

雲の海
多数の幽霊クレーターが残る

　この写真には,海を縁取る急峻(きゅうしゅん)な山脈もなければ,大きなクレーターも写っていません.ここが月面のどの地域か,すぐにわかる人は月面観測のエキスパートと自負してよいでしょう.正解は雲の海です.

　典型的な月の海はベイスン内部に溶岩がたまった場所です.雨の海でいえばベイスンの縁はアペニン山脈やアルプス山脈です.ベイスン底は深く,後から噴出した溶岩が厚く堆積したために,雨の海には古いクレーターがありません.

　これと対照的なのが雲の海です.雲の海の周りには急峻な山脈がありません.内部は「幽霊(ゴースト)クレーター」と呼ばれる埋め残されたクレーターが多数あることからもわかるように,溶岩に薄く覆われるだけです.このことから雲の海のベイスン,ヌミウムベイスンはもっとも古いベイスンの1つとされています.

　雲の海で唯一,はっきりした大型クレーターはブリアルドス(直径61km,深さ3.5km)です.ティコのように階段状の内壁と中央丘,放射状の外壁,さらにその外側には2次クレーターが見られます.しかし注意深く見ると,放射状の外壁と2次クレーターは,ブリアルドスの北西側にはありません.これは後からの溶岩によって埋められたためです.またティコと違って光条もありません.これらのことから,ブリアルドスは33億年前頃にできたやや古いクレーターであることがわかってきました(ティコは1億年前の衝突で形成).

　写真の中央部にあるフラマウロ(101km),ボンブラン(60km),パリー(47km),

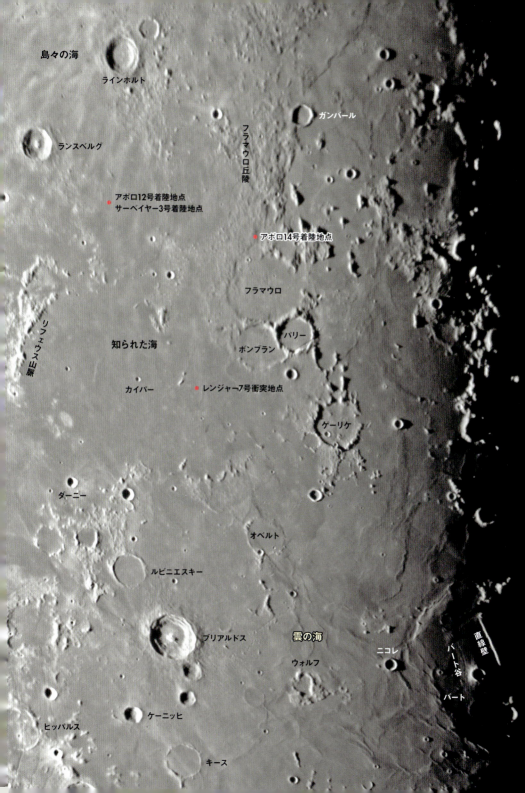

ゲーリケ(63km)はいずれも古いクレーターで，内部はインブリウムベイスンからの放出物によって薄く覆われています．それらのクレーターの北側にインブリウムベイスンからの放出物が厚く堆積したフラマウロ丘陵があります．アポロ14号はこの丘陵の南部に着陸し，インブリウムベイスンから放出物された角礫岩を採取しました．角礫岩の年代は38.5億年前で，インブリウムベイスン形成が意外に古いことを明らかにしました．

直線壁(長さ134km)は雲の海西部，中央クレーター列のすぐ南西側にあって，太陽高度の低いときには小型望遠鏡でもよくわかる人気スポットです．月には数多くの谷がありますが，片方だけが落ち込んだ崖はほとんどありません．その数少ない崖の1つが直線壁です．右の写真は日没時の直線壁で，直線壁だけが太陽に照らし出されています．高度の高いときの写真は81ページを見てください．

下弦の頃に撮影した前ページの写真では直線壁が輝いているので，西側が落ち込んでいることがわかります．上弦の頃には直線壁だけが影になっているのが見られます．直線壁の落差は約300mです．成因は，西側に溶岩が厚く堆積したために不等沈下することによってできた正断層だと考えられます．直線壁は切り立っているように見えますが，実際の最大傾斜は27°で崖とか壁というほどではありません．

直線壁のすぐ西側にはバート(3.5km)があり，そのさらに西側にはバート谷(長さ50km)があります．バート谷はいくつかの分節がつながってできており，その両端には縁のない細長いクレーターがあります．細長いクレーターの周囲は，暗い堆積物で覆われているのがわかります．バート谷は，地下浅くまでマグマが上昇して月面を押し広げて谷ができ，その両端からは少量のマグマを噴出したと推定されます．

Column

月の海が増えた！

　急峻な山脈に囲まれていない海の境界はあいまいです．1960年頃までは，105ページの写真に写っている全域が雲の海と呼ばれていました．1964年7月，それまで失敗続きだったアメリカは，ようやくレンジャー7号を写真のほぼ中央の地点に衝突させて，約4000枚の写真撮影を成功させました．これを記念して1964年，雲の海の北側を「知られた海」(Mare Cognitum) と名付けました．また，衝突地点のすぐそばにあった直径6kmの無名クレーターには，レンジャー探査機のチームリーダーであったG.カイパーにちなんで，カイパーと名付けられました．

　その後，「知られた海」には1967年に無人着陸機サーベイヤー3号が，1969年11月にはサーベイヤ3号のわずか200m南西の地点にアポロ12号が，1971年にはフラマウロ丘陵にアポロ14号が着陸し，名実ともに「知られた海」になっています．

　コペルニクスとケプラーの間にも新しい海があります．ここは従来，雲の海や嵐の大洋の一部にされていた地域で，表面を覆っている溶岩が薄いために，埋め残された高地が島のように分布しています．このため，1976年に「島々の海」(Mare Insularum) と名付けられました．

　海は2つ増えただけですが，湖は「夢の湖」と「死の湖」の2つから，1970年以降は18の湖が追加されました．海や湖には状態を表わす語と組み合わす規則になっているので「春」,「夏」,「秋」,「冬」はもちろんのこと，「喜び」,「恐れ」,「孤独」,「柔らかさ」や「忍耐」の湖まで出現しました．リッジ（尾根）も1972年までは1つもIAU（国際天文連盟）に公認されていなかったのですが，現在では39箇所のリッジに人名が付けられています．

　天文学者が地名を付けなければならないのは月だけでなく，惑星，衛星や果てには小惑星にまでおよびます．大変な時代になったものです．

東の海の近くにある秋の湖，春の湖（NASA/GSFC/Arizona State University）

中央の入江
月のど真ん中

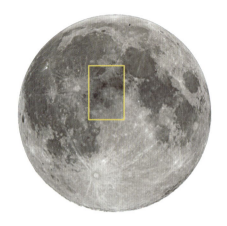

　中央の入江は地球から見て月の中央，つまり緯度0°・経度0°の原点がある場所です．といってもとくに目立つ地形があるわけではなく，むしろさまざまな谷があることの方が，私たちに中央の入江を身近に感じさせてくれます．
　その中でもっとも目立つのはヒギヌス谷で，口径6cmの望遠鏡でも見ることができます．ヒギヌス谷の中央にはクレーター，ヒギヌス(直径9km)があります．谷はヒギヌスから北西に100km，東南東に130kmのびており，幅は約5kmあります．ヒギヌス谷の特徴は，谷の中にいくつものクレーターが並んでいることで，101ページの写真でも確認することができます．このような狭い谷に小天体が次々と落下してクレーターが並ぶことはありえません．このことからヒギヌス谷の少なくとも一部は，火山性の陥没や爆発的噴火によってできたと考えられています．
　ヒギヌス自身も，よく見ると衝突クレーターに典型的な，盛り上がったリムがありません．このことからヒギヌスは，陥没してできたように見えます．地球上では火山噴火でできる直径2km以上の凹地はカルデラと呼ばれますが，ヒギヌスは直径9kmで，洞爺湖の水をたたえる洞爺カルデラの大きさに相当しますから，立派なカルデラといえます．
　ではどのような火山噴火でできたのでしょうか．地球上のカルデラでは，大量の火山灰を噴出して地下に大きな空洞ができた結果，陥没する場合が多いので

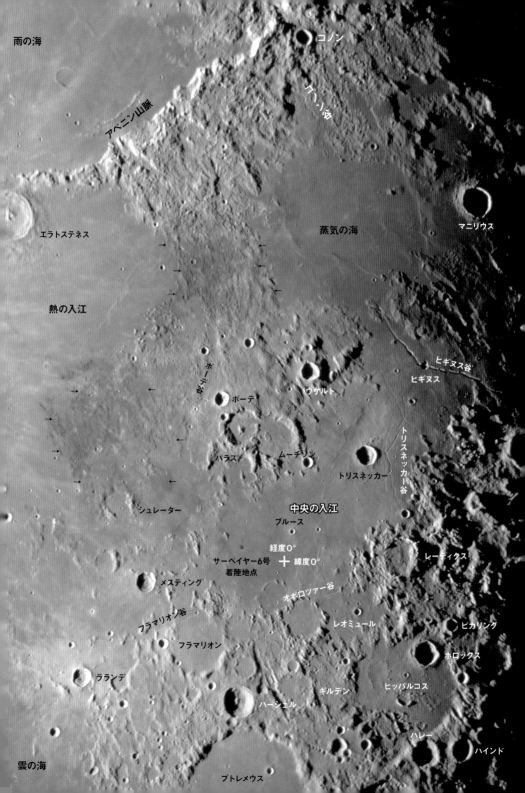

す．ヒギヌスの周囲も少し暗くなっており，暗い火山灰がまき散らされているように見えます．しかし火山灰の厚さはほとんどなく，少量のように見えます．ヒギヌス谷の地下にあったマグマの大部分は，地上に噴出することなく，地下を移動した結果，陥没してできたカルデラだと考えられています．

ヒギヌス谷の南南東にあるトリスネッカー谷も人気のある谷です．トリスネッカー(26km)のすぐ東にあり，細い谷が南北方向に網目のように複雑に入り組んでいます．月の谷は，構造性の谷(直線状，弧状)と蛇行谷に大きく分けられますが，トリスネッカー谷はこれらのどこにも分類できない谷です．東西方向に引っ張りの力が働くとこのような谷ができますが，どうしてこのような力が働いたのかはよくわかっていません．口径10cm級でも見られますが，細部を見ようと思うと口径20cmが欲しいところです．

写真のほぼ中央にあるボーデ谷とアペニン山脈の中にあるコノン谷は，いずれも蛇行谷と呼ばれる谷です．溶岩が長時間流れて下の地層を溶かした結果，このような蛇行谷ができます．

蒸気の海(直径230km)は，アペニン山脈の麓にある小さな海です．中央の入江や熱の入江とくらべると，その中に小クレーターがほとんどないことに気付きます．海の輪郭は円形なので，インブリウムベイスン形成以前の古いクレーターの内部に溶岩がたまったものかもしれません．

113ページの写真を少し離してみると，アペニン山脈の南部とパラスの西側に起伏があるのに海よりも暗い部分があることに気付くでしょう(小さな矢印で囲んだ内部)．この起伏は，もともとインブリウムベイスンからの放出物によってできたフラマウロ丘陵(→109ページ)のような起伏で，その上に暗い物質が薄く積もったものです．もし溶岩のような液体であれば，数百mもある起伏のある地形を覆うことはできません．ですからこの堆積物は空から降ってきた火山灰のような堆積物で，DMD (Dark Mantle Deposits)と呼ばれています．DMDの成因は長い間の謎でしたが，アポロ15号と17号の着陸地点には同じようなDMDがあり，噴火で空中に舞い上がった球状の火山ガラスが積もったものであることがわかりました．

この地域は満月のとき(→35ページ)に見ると，暗いので海と勘違いしやすいのですが，月面図と比較しながら見ると海でないことがわかります．よく見ると，海よりもさらに暗いことにも気付きます．

114

Column

クレーターや山の影を見る

　望遠鏡の口径が大きくなると分解能が高くなるだけでなく、光量があるので欠け際の地形がずっと見やすくなります。右の写真は、雨の海のプラトー〜アルキメデス付近の欠け際を写したものです。

　目を引くのは、プラトー、ピコ山、ピトン山からのびる長い影で、私のもっとも好きな月の見どころのひとつです。月には大気がないので、太陽高度が数度以下になっても長い影をくっきりと落とします。太陽高度が3°のときは20倍、1°のときには60倍の長さの影を落とします。左写真のプラトー、ピコ山、右写真のピトン山の太陽高度はいずれも1°で、影の長さも100km程度です。したがって実際の高さは周囲に対して2kmとなり、意外と低いことがわかります。

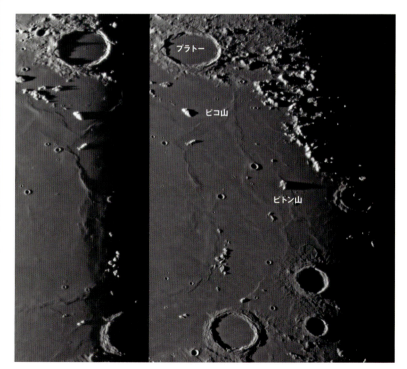

ピコ山の太陽高度の比較（左写真が1°、右写真が7°）

嵐の大洋
月で唯一の大海原

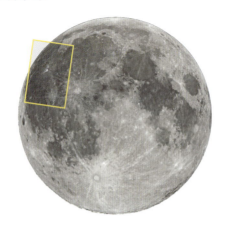

　嵐の大洋は,境界のわかりにくい海です.1960年代以前は,コペルニクスの西側,湿りの海・雲の海の北側を嵐の大洋と呼んでいました.ところが1964年になって湿りの海〜コペルニクス間の海を「知られた海」,1976年にはケプラー〜コペルニクス間の海を「島々の海」と呼ぶようになり,嵐の大洋はずいぶん狭くなってしまいました.

　嵐の大洋は満月近くになってようやく見えてくるので,陰影に乏しく見逃されがちな地域です.右ページの写真は彩度を強調し,海の溶岩の色の違いをはっきりさせたものです.同じ海でも青い地域と赤い地域があるのがわかります.これは溶岩の噴出年代や組成の違いが原因です.口径20cm以上の望遠鏡を使って注意深く観測すると,肉眼でもこのような色の違いを感じることができます.

　この写真の中で目立つのは,アリスタルコス付近です.アリスタルコスは月面でもっとも明るいクレーターで,そのすぐ北側が青く着色しているのがわかります.さらに北側に広がっている赤色の菱形(ひしがた)の地域がアリスタルコス台地と呼ばれる溶岩台地です.

　さて,月の異常(普通とは違って見える)現象はLTP(Lunar Transient Phenomena)と呼ばれ,現在までに月全体で約540件が知られています.そのうちの245件がアリスタルコス周辺で起こっています.245件のうち112件がアメリカのアマチュア月観測家バートレットが口径10cm級の望遠鏡で1949〜1966年に観測した

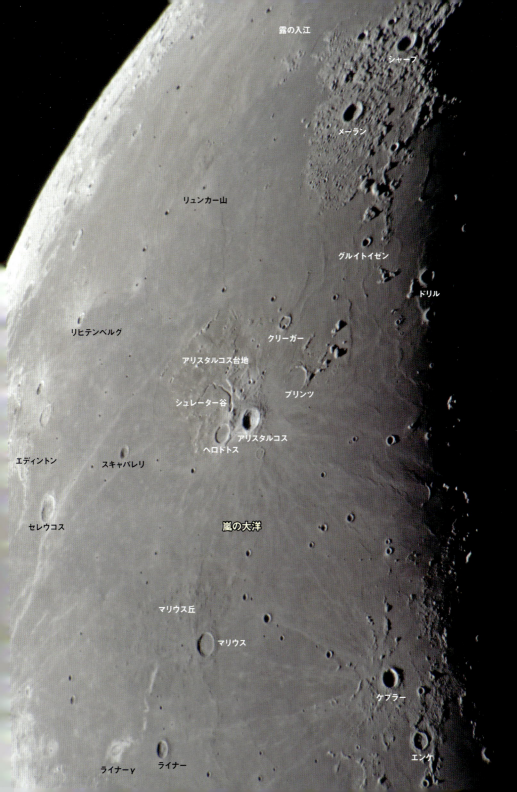

ものです.彼の観測記録を詳しく読むと「アリスタルコス周辺が通常よりも暗く青味をおびている」とか,「アリスタルコスの東壁と北東壁に明るい紫色のスポット」のような記載です.全観測163回のうち112件で異常を報告しているのですから,117ページの写真を見てもわかるように異常ではなく,通常のアリスタルコスの着色を報告していたのだと考えられます.バートレットがこの写真を見たら,どのような感想をもらすでしょうか.

アリスタルコスの西北西600kmにある直径20kmの目立たないクレーターがリヒテンベルグです.写真ではリヒテンベルグの東側に,青色の溶岩が分布しているのがわかります.西側にはリヒテンベルグからの光条が広がっています.東側に光条がないのは青色の溶岩に覆われているためです.したがってリヒテンベルグができた衝突の後に,青い溶岩が噴出したことになります.

光条は,衝突によってまき散らされた物質で,大きいクレーターの光条ほどまき散らされた物質も厚いので,長期間保存されます.直径100kmのクレーターでは30億年,直径30kmでは20億年,直径20kmでは10数億年経過すると光条がわからなくなります.このことをヒントにアメリカのP.シュルツやP.スピューデスがこの溶岩流のクレーター密度年代を調べたところ,10億年よりも新しい可能性があることがわかってきました.月の海の溶岩の大部分は,30〜38億年前に噴出したものですから,記録破りの新しさということになります.

リュンカー山は,露の入江の入口にあるドーム群です.直径は約70kmあり,中央がくぼんでいるために,1950年代までの観測者はリュンカーが古いクレーターだと考えていたほどです.欠け際にあるときに口径20cm以上の望遠鏡で観測するといくつかドームが連なっていることがわかりますが,太陽高度が10°以上になると,どこにあるかわからなくなる幻の地形です.

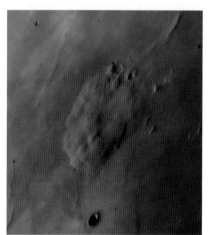

リュンカー山

月の縦穴は月面基地に最適？

　2009年，日本の月探査機「かぐや」は月の3か所に縦穴があることを発見しました．場所は嵐の大洋の中にあるマリウス丘，静かの海，裏側の賢者の海で，直径と深さはそれぞれ57m/46m，92m/105m，88m/41mです．

　月面の小クレーターでは，深さ/直径の比が0.2程度で最大斜度は30°程度です．そのため太陽高度が高くなるとクレーター底には太陽光が当たりますが，縦穴はこの比が0.5～1.1で太陽高度が高くなっても底が暗く，それが発見のきっかけとなりました．下の写真からもわかるように底が平らなことから，溶岩トンネルの天井が崩れてできたスカイライトではないかと推定されていました．

　2017年，マリウス丘の縦穴周辺を「かぐや」搭載の地下レーダーのデータで詳しく調べた直したところ，縦穴から西に50kmに溶岩トンネルが続いていることがわかりました．月の表面は隕石衝突が頻繁にあり，放射線が降り注ぎ，温度も－50℃～＋120℃と大きいので，人間が長期滞在するのには危険な場所です．一方，縦穴に続く溶岩トンネルはこのような危険がないので，将来の月面基地として有力視されています．

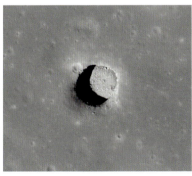 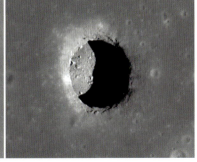

マリウス丘(左)と静かの海(右)の縦穴

アリスタルコス台地
蛇行谷の密集地帯

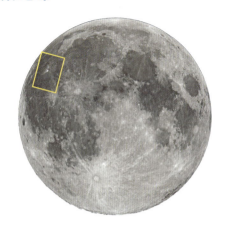

　月で代表的な火山地域をあげるとすれば，嵐の大洋にあるアリスタルコス台地となるでしょう．アリスタルコス台地は，1辺180kmの菱形で，面積4万km²，九州ほどの面積があります．アリスタルコス台地の北西と南西の輪郭が直線的であること，台地の北西にあるアグリコラ山脈が直線状であることから，アリスタルコス台地は断層で境された高まりであると推定されます．この台地の上に，火山活動が集中したために全体で1つの大きな溶岩台地となったのでしょう．

　台地の縁あるアリスタルコス(直径40km，深さ3.2km)とヘロドトス(直径35km，深さ1.3km)は，台地形成後の衝突によってできたクレーターです．アリスタルコスは月面でもっとも明るいクレーターで，皆既月食中や地球照でも存在が認められるほどで，数億年前にできたクレーターです．ヘロドトスは古いクレーターで，内部は溶岩で埋められて浅くなっています．

　月はモノトーンの世界だと思っている人が多いのですが，注意深く見ると，アリスタルコス台地は黄，アリスタルコスは青，台地東側の海は赤，台地西側の海は青に色付いていることに気付きます．口径30cm級の望遠鏡に100〜200倍の倍率で見ると，微妙な色の違いがよくわかります(→117ページ)．

　アリスタルコス台地には月最大の蛇行谷，シュレーター谷があります．月の谷には隣接するクレーター名にちなんで名付けられるのが普通ですが，シュレーター谷は，1787年この谷を発見したシュレーターの名前が付けられています(彼

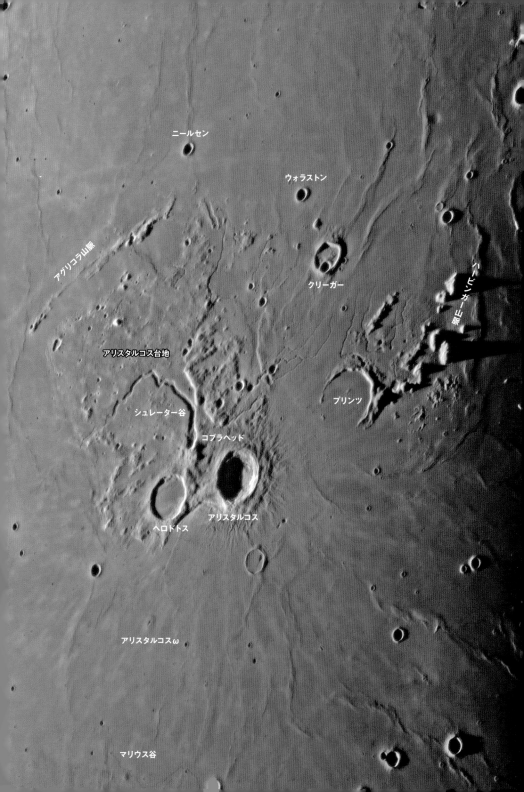

の名前の付いたクレーターは、1400kmも離れた中央の入江にあります：113ページ参照）．シュレーター谷は全長160km、幅6kmもあり、ヘロドトスのすぐ北側の直径10kmのクレーターを始点に、蛇行しながら浅くなっていきます．このクレーターは鎌首をもたげたコブラを連想させることから、コブラヘッドと呼ばれています．

アリスタルコス台地と東側のプリンツ周辺にも、シュレーター谷を小さくしたような多数の蛇行谷があります．これらの蛇行谷の特徴は、始点にリム（縁取り）のないクレーターがあり、蛇行しながら下流に行くにしたがって浅くなっていくことです．

蛇行谷は河がうねうねと蛇行する様子に似ているので、1960年代初めまでは、水が流れた跡であるとか、火砕流によって浸食された跡であるとの説がありましたが、現在では溶岩流のよる地形だとわかってきました．

粘り気の少ない玄武岩質の溶岩では、しばしば溶岩トンネルがつくられます．溶岩が長期間流れ続けると、流れの左右に溶岩堤防という高まりができます．流れている溶岩は表面が冷やされて、固まった溶岩のイカダを浮かべた川のように流れますが、イカダが多くなると互いにくっついて溶岩流の上に天井ができます．このようにして溶岩トンネルができると、内部を流れる溶岩は冷やされにくくなるので、遠くまで到達できるようになります．

噴火活動の終了後、隕石の衝突によって溶岩トンネルの天井が崩落すると蛇行谷ができるということになります．しかしここで問題になるのは、地球の溶岩トンネルと月の蛇行谷のスケールの違いです．地球の溶岩トンネルは幅数m〜数十mなのに対して、月の蛇行谷は幅数百m〜数km、深さが数百mもあるのです．月では重力が小さいために、地球の溶岩トンネルよりは大きな天井を支えられそうですが、それでも幅100〜200mが限度でしょうか．また地球では高温の溶岩が数か月〜数年間も流れ続けると下の地層をその熱で溶かしたり、やわらかくしてはぎ取ったりする現象（熱侵食）が観測されていますが、月では熱侵食によって深さ数百mの蛇行谷が作れたのでしょうか．蛇行谷は月面ではありふれた火山地形ですが、まだその成因はよくわかっていません．

アリスタルコス台地の南にあるアリスタルコスω（オメガ）は、ぽつんとあるドームです．口径30cmでは山頂に細長い火口があるのがわかります．

Column

LTP
（月の異常現象）

アメリカのミドルハーストは，1540年~1967年のLTP（Lunar Transient Phenomena：月の異常現象）約540件をカタログにまとめました．彼女のLTPの定義は次のとおりです．「位相（満ち欠け）には関係のない月面上の狭い地域（普通は数km四方）で起こる一時的な変化で，変化の種類としてはクレーター内部やそのほかの狭い地域での一時的な輝点やかすみ，ぼけなどの変化が含まれる」．次の2例がLTPとしてよく取り上げられます．

①1958年11月3日にソ連クリミヤ天文台のコズィレフがアルフォンススの中央丘に霞がかかっているのに気付き，そのスペクトル写真を撮影した．

②1963年10月29日アメリカのローウェル天文台でグリネーカーらがアリスタルコス内部とその周辺にルビー色に輝く部分を目撃した．

ミドルハーストのカタログを地域別に数えると，アリスタルコス周辺245件，プラトー49件，アルフォンスス17件，ガッセンディ17件，ティコ13件……のようになります．アリスタルコス周辺についてはバートレットが正常な着色をせっせとLTPとして報告していたのは116ページのとおりです．ほかの場所でも望遠鏡の色収差や月が低高度にある場合の大気差による着色をLTPとして誤って報告されていたと考えられます．このような報告を除外すると，月に原因のあるLTPは50件以下になります．

カタログの中には短時間（1秒以下）の閃光やチカチカ点滅するものが30件報告されています．2000年頃からビデオカメラで離れた場所から同時観測を行ない，月面上に隕石が衝突して発光していることがわかりました．NASAではこのような月面の閃光を監視しており，現在までに300件以上の報告があります．ミドルハーストの30件の報告の中にもかなり含まれているはずです．

このようにして大部分のLTPの原因は判明したものの，最初の2例のように未だに原因がわからないLTPもあります．これらは月面からのガス噴出や小規模の噴火だったのでしょうか．

ケプラー〜コペルニクス間のドーム
月のドームは盾状火山

　ここで紹介するのは嵐の大洋東部です．ケプラー〜コペルニクス間の海は，1976年から「島々の海」と呼ばれるようになりました．それまでは嵐の大洋だった一部に，どうして新しい名前が付いたのでしょうか．

　1970年頃コペルニクスを中心とする古い二重リングベイスン(直径600kmと1000km)の存在が提案されました．右ページの青矢印の山塊が外側リングの一部だということです．またこの地域の南にアポロ12号が着陸(→109ページ)したこともあって「島々の海」と命名がIAUで承認されたのです．

　地形の話にもどりましょう．この地域は最初に目にとまるのは，美しい光条を持つケプラー(32km)でしょう．ケプラーは緩やかな丘陵地帯にありますが，この丘陵はインブリウムベイスンの放出物からなり，フラマウロ丘陵と同じ性質のものです．

　ケプラーのすぐ南には，ほぼ同じ大きさのエンケ(29km)があります．エンケから放出物は，海の溶岩に埋め立てられています．エンケのクレーター底は，地下からのマグマの押し上げによって，ケプラーにくらべてずっと浅くなっています．このことからわかるように，エンケが衝突によってできたのは，海の溶岩が盛んに噴出していた30億年よりも前です．一方ケプラーは，その光条の新鮮さからもわかるようにティコ，アリスタルコスに次ぐ新しさで，約5億年前の衝突によってできたクレーターです．

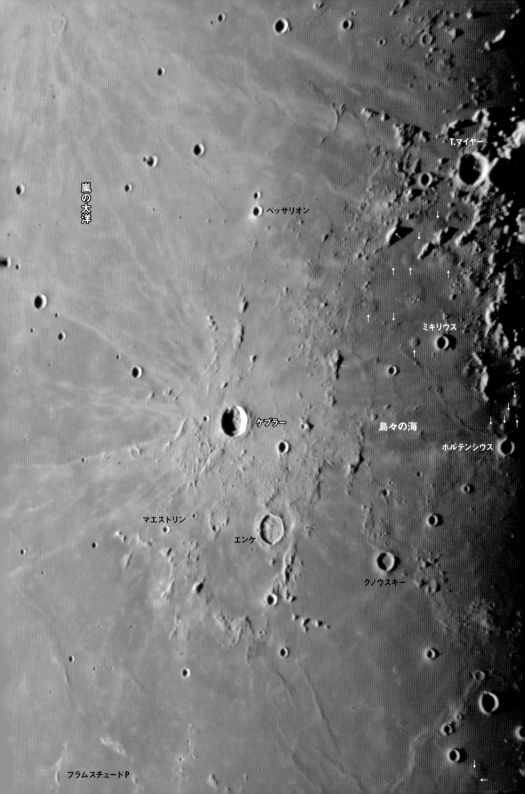

ケプラー〜コペルニクス間は，ドームが密集する地域として有名で，太陽高度の低い欠け際にあるときが見頃です．もっとも目立つのはミキリウス(直径13km)のすぐ西にあるドームです．これほど急ではありませんが，ミキリウスの北側やホルテンシウスの北側に約20個のドームがあります(写真の白矢印)．

注意深く見ると，ドーム山頂にはリムのない小クレーターが多いことがわかります．ドーム頂上に運よく衝突してクレーターができる確率は小さく，衝突クレーターならば盛り上がったリムを持つはずです．したがって山頂の小クレーターは火山の噴火口であることがわかります．

月のドームは傾斜が数度ときわめて緩いために，太陽高度が10°以下ときに見たいものです．月の赤道付近では，太陽高度が毎日12°ずつ変化します．明暗境界線(欠け際)でよく見えたドームが，翌日には太陽高度が高くなって見えなくなってしまいます．

月周回衛星「かぐや」のハイビジョンカメラがこの地域を撮影したときの太陽高度は20°でした．残念ながら太陽高度が高すぎて125ページの写真に写っている多くのドームは，その存在もわかりませんでした．見方を変えれば，地上の望遠鏡でチャンスを生かせば，探査機でわからなかったドームも検出できるということは愉快なことです．

ドームは太陽高度が低いときしか見えないのに加えて，山頂火口は小さく浅いので，じっくりと観察するためには良シーイングと口径30cm級の望遠鏡が必要となります．それだけにチャンスを逃さずにドームや山頂火口を捉えたときの喜びは格別といえます．

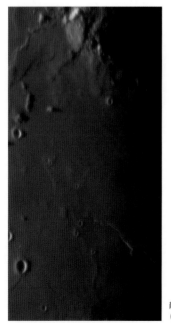

静かの海東部の小ドーム群
(右下がコーシー崖)

Column

月のドームは小型盾状火山

　地球上で火山性のドームといえば、溶岩ドームのことで、溶岩円頂丘ともいいます。日本では1990〜95年の噴火によって形成した雲仙普賢岳の平成新山、箱根の二子山、鳥取県の大山などがその代表例です。高さ数百m〜2km、基底直径1〜10kmで、高さと基底直径の比は1:5〜1:10程度です。粘り気に富んだ溶岩がゆっくりと絞り出されて形成します。

　一方、月のドームは高さ数百m、基底の直径数km〜10km、高さと基底直径の比は1:20〜1:50で、斜面の傾斜は5度以下です。つまり月のドームは、地球上の溶岩ドームよりもずっと緩やかで、地球上では下の写真のような小型盾状火山に相当します。地球上の小型盾状火山は、粘り気の少ない溶岩が1つの火口から数か月〜数年間も流れ続け、盾を伏せたような緩やかに盛り上がった火山をつくるのです。このような噴火が数十〜数万回も続くと、ハワイや火星のオリンポス火山のような巨大な大型盾状火山ができるはずですが、残念ながら月にはこのような大型盾状火山はありません。

　月のドームの傾斜はきわめて緩いために、欠け際にあったときには見えても、太陽高度が1°(約2時間)違っただけで、見えなくなってしまうこともあります。

アイスランドの小型盾状火山スキャルドブレイダー
高さ500m、基底直径10kmで山頂に直径300mの火口がある。

マリウス丘
月最大の火山地帯

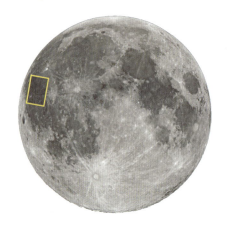

　嵐の大洋西部は、いくつかの風変わりな地形が注目されます。まず第一番目の注目点は、マリウス（41km）西部のマリウス丘で、にきびのような多数の小丘の密集地域です。マリウス丘には、合計300個の小丘があるといわれていますが、口径20～30cmでも100個程度が認められます。

　125ページで紹介したミリキウスやホルテンシウスのドームが丸みをおびていたのに対して、マリウスの小丘群は尖っています。これはドームの上に三角錐型のスコリア丘と呼ばれる火山地形が載っているために、尖っているのです。127ページで述べたようにマリウス丘のドームやスコリア丘も、粘り気の少ない溶岩が少しずつ長期間にわたって流れ続けた結果できたものです。

　ヒーザー等の研究によると、ドームとスコリア丘のクレーター密度年代は約33億年前ですが、このドームやスコリア丘の麓を25億年前に噴出した溶岩が覆っています。この新しい溶岩は、長さ100kmを超える蛇行谷が伴っているので、ドームやスコリア丘を作る溶岩にくらべてはるかに噴出率の大きな溶岩だと推定できます。

　この地域のクレーター密度年代は誤差が大きく、数億年の誤差を伴います。それでもマリウス丘には長期間にわたる、それも小さな噴出率の火山活動と大きな噴出率の2つの火山活動があったことは興味深いことです。

　マリウス丘全体での火山としての体積は、少なく見積もっても5320km^3、実

マリウス谷

縦穴

マリウス丘

ガリレイ

マリウス

ライナーγ

ライナー

嵐の大洋

マリウス谷

際にはその数倍程度あると推定されています.富士山の体積が1400km^{3}ですから,マリウス丘はかなり大きな火山地域だといえます.

ところで月の海全体の溶岩の量は,月の表面積に海の17%を乗じ,さらに海の平均厚さを1kmとすると,約650万km^{3}となります.一方,地球では現在,中央海嶺や陸上の火山で毎年約10km^{3}の溶岩が生産されています.月の海全体の溶岩と同量の溶岩がわずか65万年で生産されてしまうのですから,地球の火山活動がいかに活発で,月の火山活動が以下に不活発であったかがわかります.

二番目の注目点は,ライナーγ(ガンマ)です.ライナーγは,ライナー(30km)の西側にある白っぽい模様ですが,光条とは違って中心となるクレーターがありません.分布も放射状ではなく,渦巻きのようにうねうねしているのでスウォール(swirl:英語で渦巻きの意味)と呼ばれています.スウォールは月の裏側にも見つかっていますが,いずれの場所も強い磁気異常を伴います.このため原因として,彗星に付随したプラズマとガスが月面をこすって白色化させると同時に磁気異常を引き起こしたとの説がありました.しかし近年,彗星が月面に衝突することはまれな現象ではないことがわかってきました.ただし彗星衝突ではスウォールが月面の数か所にしかないことを説明できません.

大規模なスウォールは,インブリウムベイスンの真裏にある賢者の海(27.4°S・172.2°E)とオリエンタレベイスンの真裏にある縁の海(13.0°N・84°E)北部に分布しています(下の写真).このためベイスンをつくる巨大な衝突ではその真裏に地震波が収束し,尾根と溝が連続する奇妙な地形を作り出し,磁気異常ももたらすという説があります.しかしライナーγの真裏には,ベイスンが見あたりません.磁気異常によってスウォールを生み出すことには,いくつかの原因があるのでしょうか.

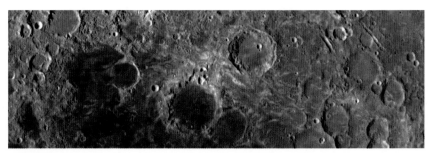

縁の海北部のスウォール

Column

スコリア丘とは

　スコリア丘とは，文字どおりスコリア（軽石のように多孔質で，軽石が白っぽいのに対して，玄武岩質のために黒っぽい岩石）でできた丘です．スコリアにたくさん孔があいているのは，マグマ中の揮発性成分（地球では水，月では二酸化炭素と一酸化炭素）が温度・圧力低下によってマグマに溶けていられなくなって，気体となって膨張するからです．膨張によってマグマが粉砕され，スコリアとなって空中高くに噴き上げられます．このスコリアが火口近くに落下してできたのがスコリア丘です．

　噴火が続き，スコリアが次々と落下して高まりをつくり，傾斜が32°を超えると，スコリアは斜面の外へ外へと転がるようになります．このために，スコリア丘は32°の傾斜を保ったまま成長します．日本にも東伊豆の大室山，富士山の大室山など多数のスコリア丘がありますが，いずれも傾斜32°の円錐形をしているのはこの理由です．地球上のスコリア丘では，スコリアを噴き上げる活動とともに基底部から溶岩を流出して，小型の盾状火山をつくります．地球上ではメキシコ中部のようにスコリア丘が密集する地域があり，マリウスの小丘群はこのような地域とよく似ています．

阿蘇カルデラ内にあるスコリア丘米塚．
基底の直径は約400 m，基底からの高さは80 m．基底部から溶岩が流出している．

南東部の高地
ネクタリスベイスンの放出物が分布

　肉眼で見てもわかるように，月には明るい地域（高地）と暗い地域（海）があります．高地は，45億年前の月誕生直後に，巨大なマグマの海に浮かんだ軽い成分（主に斜長石）からできている古い表面です．多数の衝突クレーターがあり，でこぼこしているのが特徴です．海は39〜20数億年前，玄武岩質の溶岩が噴出してできた新しい表面です．衝突クレーターが少なく，平坦なのが特徴です．

ネクタリスベイスンからの放出物

　高地は，衝突によって古い表面にクレーターが単純に増えていったわけではありません．海周辺の高地は，ベイスンからの放出物が厚く覆っているからです．右の写真でも，サグートやサクロボスコなどのクレーターが浅くて不明瞭なのは，ネクタリスベイスン（神酒の海の凹地）からの放出物によって厚く覆われているためです．アポロ16号着陸地点（→141ページ）では，厚さ数百mのネクタリスベイスンの放出物の上に，厚さ数十mのインブリウムベイスン（雨の海の凹地）の放出物が重なっていることがわかっています．

　右の写真では，上（北）のネクタリスベイスンから離れて下（南）にいくほど，クレーターの数が増えているのがわかります．この写真の左下やティコ（85km）やクラビウス（225km）周辺は，新しいベイスンからの影響を受けていない典型的

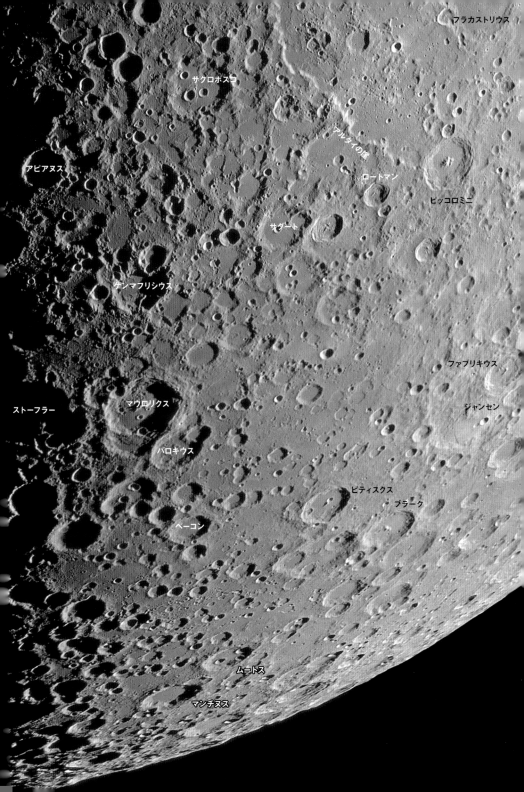

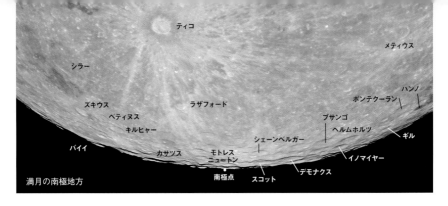

満月の南極地方

な高地がよく残っているところです(→65ページ)．これらの地域はクレーターだらけで，クレーターが「飽和」した状態といわれます．「飽和」とは，もし新しいクレーターが1つできると古いクレーターを1つ破壊されるので，クレーター数は増えない状態のことです．

南極＝エイトケンベイスンを垣間見る

　上の写真は満月の南極地方です．標準的な秤動時に撮影したもので，南極点が写っています．秤動の条件に恵まれると裏側の南緯83°まで見えるはずですが，実際には地形が圧縮され，詳しい様子はほとんどわかりません．しかし，地球から望遠鏡で見ても北極周辺はなだらかなのに，南極は起伏に富んでいることがわかります．かつてはこの地域はライプニッツ山脈と呼ばれていました．

　月の裏側の南半球高緯度には直径2500kmの南極＝エイトケンベイスンがあります．名前は，ベイスンのリムが南極とエイトケン（直径135km, 173°E・16°S）を通っていることに由来します．南極＝エイトケンベイスンは古いベイスンであるため，いったんベイスンからの放出物で古いクレーターがかき消された表側の南極地方は，再び多数の衝突によってクレーターで飽和した状態になっています．

　月面の標高図(→164・165ページ)を見ると，表側の南極地域は南極＝エイトケンベイスンから放出物によって高くなっていることがわかります．この部分がライプニッツ山脈と呼ばれていた地域です．放出物は表側の南極地域で薄く，裏側の赤道部で厚いことが標高図からは読み取れます．放出物の厚さの違いは，南極＝エイトケンベイスンの衝突が斜め衝突だったことを示唆しているのかもしれません．

134

観測の敵，シーイング

　私たちは大気の底に住んでいるので，高倍率で月をながめると大気の密度差のためにユラユラゆれていることが普通です．このゆれの度合いをシーイングと呼び，ゆれが少ないときはシーイングが良い，ゆれが多いときはシーイングが悪いといいます．

　シーイングのスケールは，アメリカのピッカリングのものが有名です．彼は口径125mm屈折望遠鏡での恒星像の見え方によって，1から10までの10段階に評価しました．ほかの口径の場合には係数をかけて補正します．しかし月を見るために，わざわざ恒星を見て，さらに係数をかけてまでシーイングを評価する人はいないでしょう．私は下表のように自分なりの10段階評価をしています．10段階評価であることがわかりやすいように8/10, 4/10のように記載します．

　日本は上空にジェット気流が流れているため，世界的に見てもシーイングは良くないとされています．私の観測地（東京）でシーイングが良いのは春から夏で，とくに真夏は良シーイングの夜があります．しかしそれでも8/10程度で，私は数十年も月を見ていますが9/10は今までに5回程度，10/10は1回もありません．

口径35cm使用時のシーイングの段階	
10	像は貼り付いたように動かず，微細な地形まではっきりと確認できる
9	ときどき像が乱れることがあるが，微細な地形まではっきりと確認できる
8	像はややゆれるが，微細な地形まで確認できる
7	像はゆれ，微細な地形はちらちら見えるが，はっきりと確認できない
6	像は絶えずゆれるが，微細な地形以外は確実にわかる
5	像は絶えずゆれるが，小クレーターの形や細部の様子がわかる
4	気流による乱れの強弱があるが，良いときには小クレーターの様子がわかる
3	気流による乱れは大きく，大まかな地形しかわからない
2	気流による乱れは大きく，大まかな地形もときどきしかわからない
1	気流による乱れは著しく，大まかな地形もわからない

中南部の高地
インブリウムベイスンのひっかき傷と2次クレーター

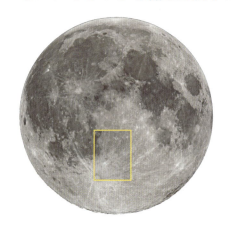

　高地には,海のような名前が付いてないのでやっかいですが,右の写真の左上にはプトレメウス,左下にはティコが写っているので,およその位置がわかるでしょう。この地域はクレーターだらけですが,注意して見るとクレーターの新鮮さには大きな違いのあることがわかります。写真中央部ではウェルナー(直径70km,深さ4.2km)がもっとも新鮮で,アリアセンシス(80km,3.7km),ラカーユ(68km,2.8km),ブランキヌス(64km,1.2km)の順で古くなっていくのがわかります。

　小天体の衝突によって新鮮なクレーターができた後,クレーターは隕石の衝突によって侵食され,近くに新しいクレーターができるとそこからの放出物が堆積することによって浅くなっていきます。近くでなくとも大きな影響を与えるのは,ベイスンからの放出物です。この地域は東にはネクタリスベイスン(神酒の海の凹地：39.2億年前に形成),北にはインブリウムベイスン(雨の海の凹地：38.5億年前に形成)があります。ネクタリスベイスンとインブリウムベイスンからの放出物によるひっかき傷をそれぞれ青矢印と黄矢印で示しました。

　ウェルナーとアリアセンシスにくらべて,ラカーユ,ブランキヌス,ワルター(128km,4.1km)が浅いのは,インブリウムベイスンの放出物に覆われているためです。このことから38.5億年以前にできたクレーターであることがわかります。またワルターの西にあるデランデル(234km)は,ワルターに覆われているので,さらに古いクレーターであることがわかります。

デランデルの荒涼とした様子は気の毒なくらいで, クラビウス (225km) よりも大きいのですが, 表側最大のクレーターとは呼ばれていません. 1948年にデランデルと命名される前にはクレーターではなく, 内部にある小クレーター, ヘル (33km) にちなんでヘル平原と呼ばれていました.

　ベイスンからの放出物はひっかき傷だけでなく, 2次クレーターもつくります. 2次クレーターは, ひっかき傷よりもさらにベイスンから離れた地域に分布します. 2次クレーターは. 衝突速度が遅く, 群れをなして放出され, ほぼ同時に衝突して2次クレーターをつくるので, 特徴ある形となります. 速度は, 小天体が月面に衝突する場合では2.4km/秒〜70km/秒, 2次クレーターをつくる衝突では2.4km/秒以下です. ベイスンの2次クレーターと推定されるクレーターに赤矢印を付けました.

　ベイスンの2次クレーターも, 普通のクレーターの2次クレーターと同じ特徴がありますが, 最初の衝突によってまち散らされる岩塊が大きく (大きなもので径1km以上) で1000km以上遠くまで飛ばされて直径10km以上の2次クレーターをつくることがあります. そのため, ベイスンからの2次クレーターは月の時代を区分する基準となったのです (→71ページ).

　近くに着地する場合には衝突角が浅く, 群れをなしやすいので, 斜め衝突の特徴を備えた2次クレーターができます. しかし遠くに着地する場合には, 衝突角が大きく, 群れをなさないことが多いのです. このような場合には, 普通のクレーターとの区別がむずかしくなります.

　また衝突でできたことはわかっても, 供給源のクレーターがわからないことがあります. アブールフィダ (65km) 南壁から南東に200kmのびるアブールフィダクレーター鎖がその例です (→141ページ).

　1960年代までは, 普通の衝突では説明できない奇妙なクレーターの多くは, 火山性だとされていました. しかし現在では, 角度や速度を変えた衝突実験, シミュレーション, 写真解析などによってその多くは衝突でできることがわかってきました. といってもすべてが説明されたわけではありません. アルフォンススの南西にあるアルペトラギウス (39km) のように大きく丸みを帯びた中央丘は, 火山性のドームである可能性が残されています.

月を見るための接眼レンズ

　月面を見るためには，接眼レンズが2本あると便利です．月全体が収まる接眼レンズとクローズアップ用の接眼レンズです．まず月全体を見るための接眼レンズを考えてみましょう．

　月の視直径は約0.5°なので，見かけ視界45°の標準視界の接眼レンズを使うと，倍率70倍で月全体が視野に一杯に見えることになります．広角の接眼レンズではもっと高倍率でも月全体が入ります．私は口径35cm望遠鏡(焦点距離2100mm)に見かけ視界82°の広角接眼レンズ，ナグラー16mmの組み合わせ，130倍で月全体を見ています．シーイングが良くないときは高倍率をかけられないので，これ1本で間に合います．

　もう1本のナグラー5mmは良シーイング時のためです．広角接眼レンズは高価ですが，目の前いっぱいに広がる月を見ていると，価格分の価値はあると思います．

　もう1つ広角接眼レンズの利用法は，ドブソニアン式のような自動追尾でない望遠鏡を使用するときです．見かけ視界82°の接眼レンズは，面積にすると45°の接眼レンズの3倍も広い面積を見ることができます．倍率200倍では，視野の端に目的のクレーターを入れると反対の視野端までにかかる時間は1.5分．頻繁に望遠鏡を動かすことなく，ゆっくりと月面を観測できます．

左側から広角のナグラー5mm，16mm，標準のプローセル10mm，25mm

中央部の高地
高地に火山活動はあったか？

　ここでは，神酒の海～雲の海の高地を取り上げます．右側のキリルス，左側のヒッパスコスからおよその位置はわかるでしょう．

　この地域の高地は，中央クレーター列付近（→76ページ）にくらべるとインブリウムベイスンからの影響が少なく，クレーター間に平原が多いのが特徴です．平原といっても海よりはずっと明るく，ゆるやかな起伏があります．この平原は，模式地（固有名称で呼ばれる地名が分布する代表的な場所）であるケイリークレーター（→101ページ．15°E・4°N，直径14km）周辺にちなんで，ケイリー平原（写真の⑯）と呼ばれます．ケイリー平原は，月表側の面積の6％を占め，クレーター密度年代によるとインブリウムベイスンと静かの海の溶岩の中間の年代を示します．

　ケイリー平原の成因については，インブリウムベイスンからの放出物がつくったフラマウロ丘陵と同質のもので，さらに遠方の相だろうという考えがありました．しかしインブリウムベイスンから3000kmも離れたクラビウスの内部にまで堆積しているので，インブリウムベイスンからの放出物であるという説では説明できません．

　一方デカルト（48km）も奇妙なクレーターです．南側のリムははっきりしているのに，北側はデカルト層と呼ばれる起伏に富んだ丘陵に覆われています．このような平原や丘陵のでき方でもっとも有力だったのは，海の玄武岩とは異なるシリカ（SiO_2）に富んだ火山活動によるもので，火砕流の堆積や粘り気のある溶

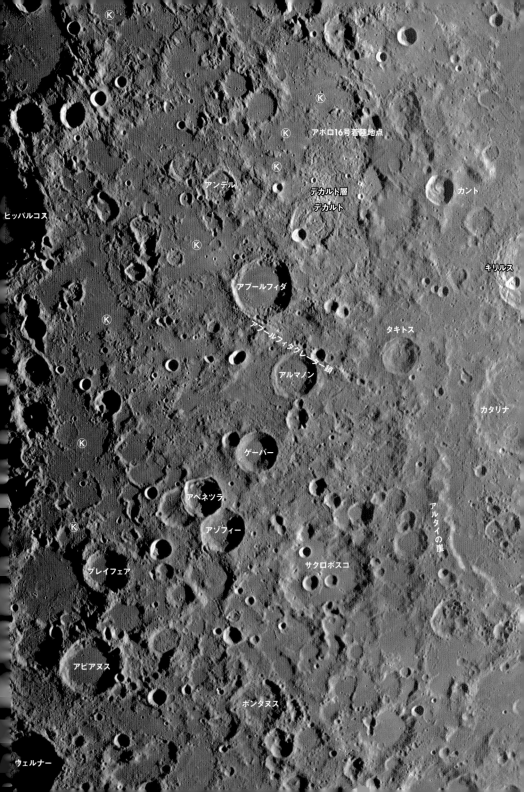

岩でできた丘陵という説です.

これを確かめるために1972年4月, アポロ16号はデカルト北側の高地に向かいました. アポロ16号の着陸地点は, ケイリー平原とデカルト層が同時に見られる境界部が選ばれました. 月着陸船の搭乗員ジョン・ヤングとチャールズ・デュークは, トレーニングのために地球上の同じような火山噴出物が見られる地域に何度も訪れて専門家の指導を受け, 月に着陸して困らないように準備を重ねました.

アポロ11, 12, 15, 17号は海, 14号はフラマウロ丘陵に着陸したので, 16号は唯一, 高地に着陸したアポロとなります. アポロ15号から17号まではJミッションと呼ばれ, それ以前のミッションにくらべて本格的に科学調査が行なわれました. ローバーを使用したために行動範囲は飛躍的にのび, 船外活動時間や採集した岩石の重量はそれまでのミッションの3倍にもなりました.

4月16日17時54分, アポロ16号の月着陸船は予定地点に着陸しました. 着陸船の小窓から見た月面には, トレーニングで見慣れたシリカに富んだ溶岩や火砕流堆積物がまったく見えないことに唖然としました. 彼らが見たのは, 白っぽい高地の岩石に黒っぽいインパクトメルトが混じった角礫岩でした. ローバーでの走行距離は合計27km, 20時間にわたる3回の船外活動と96kgの持ち帰った岩石サンプルのいずれからも, 高地の火山活動の証拠は見つかりませんでした.

月では, 予想以上にベイスンからの放出物がさまざまな地形をつくっていたのです. デカルト層はネクタリスベイスン(神酒の海の凹地)からの放出物, ケイリー平原はインブリウムベイスン(雨の海の凹地)からの放出物によってできていたのです.

月に着陸した6機のアポロのうちで, アポロ16号の結果ほど研究者の予想が覆されたものはありません. 月では予想以上に衝突による放出物が, さまざまな地形をつくるのに大きな役割をはたしていることがわかりました.

アポロの本を楽しむ

　アポロが月に着陸したのは1969年7月20日です．直後にはその意義を評価しにくかったのですが，50年たった今ふり返ると，20世紀最大のできごとの1つであったことが確信できます．10数年前，アポロ計画をテーマにした本が出版されて，ちょっとしたブームになりました．80歳近い元アポロ宇宙飛行士によって書かれた本が多いのは，自分の貴重な体験を残しておかなければならないと思ったのでしょう．

　アポロ計画は，アメリカが余裕たっぷりで成功したように見えましたが，これらの本を読んでみると宇宙飛行士達は，実は命がけで綱渡りの連続だったことを告白しています．当時，ソ連の月探査計画はベールに包まれ，アメリカは見えない敵と戦わなければならなかったのです．アポロ11号の月着陸の1か月前でさえ，米ソのどちらが一番乗りできるかがわからなかったのですから….

　興味深いのはアポロ11号の3人の飛行士がそれぞれ本を出版しており，同時に月を目指していたソ連の飛行士の本も出版されていることです．世紀のできごとをいろいろの視点から，しかも日本語で読めるのですから，ぜひ一読されることをお薦めします．それぞれ個性的な本なので優劣をつけることはむずかしいのですが，最初に読むべき本は『人類，月に立つ』上・下（アンドルー・チェイキン著，NHK出版）でしょうか．上・下巻あわせて約1000ページの大著です．

南西部の高地
オリエンタレベイスンからの傷跡が残る

　右の写真は下弦過ぎの南西部高地で，明け方の南東の空に見えます．同じ地域は満月の数日前にも見えるので，早起きが苦手な人は満月前の方がよいかもしれません．この地域は月の周辺部にあるので，すべてのクレーターは細長く見えます．その中でもシラーがとくに細長く見えるのは，直径が180×70kmと実際に細長いためです．

　小天体が月面に対して斜めに衝突すれば，シラーのような楕円クレーターができそうですが，実際のクレーターは大部分が円形です．この謎は，1970年代にアメリカのゴールトによってなされました．彼はさまざまな打ち込み角度で高速衝突実験を行ない，月面に対して垂直から10°までの衝突ではほぼ円形のクレーターができることを示しました．しかし入射角度が2°～3°では，シラーそっくりの楕円クレーターができたのです．シラーは，月の楕円クレーターとしては最大のものですが，火星には同規模の楕円クレーターが数十個も見つかっています．

　シラーの北東にあるハインツェルも奇妙なクレーターです．直径70kmのクレーターの南側に50kmのクレーターが連なっています．重なり方からは北側のクレーターの方が新しそうですが，北側のクレーターの放出物は南側のクレーター内にはありません．いったいどのようにしてできたのでしょうか．

　シラーとズキウス，セグナー間の南側には2列の山塊が並んでいます(矢印)．

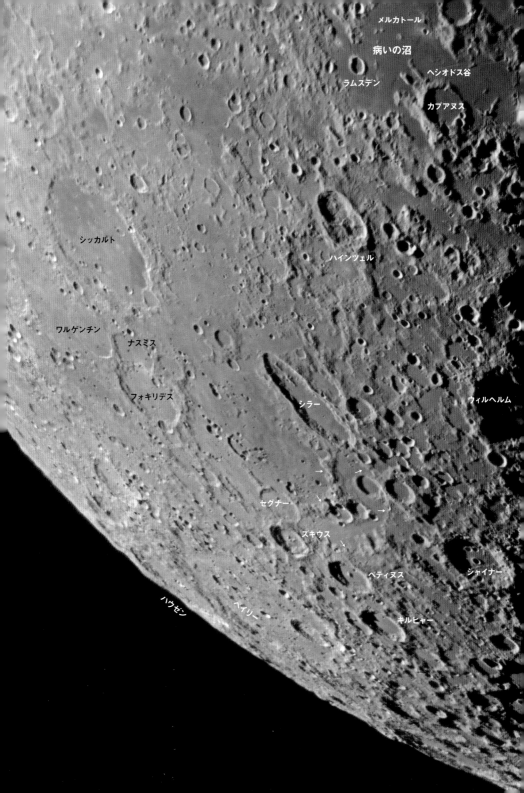

これは、さらに大きなシラー、ズキウスベイスンの内側リングと外側リングの一部です。北側のリングははっきりしませんが、内側リングは直径165km、外側リングは直径325kmです。

南西部の高地は、クレーターだらけではなく、クレーターの間にクレーターの少ない平原が広がっているのが特徴です。この地域は、もともと海の溶岩で覆われていましたが、38.0億年前にオリエンタレベイスン(直径800km, 北西1000kmに位置する)を作った巨大衝突の放出物に薄く覆われて、平原ができたといわれています。

シッカルト(227km)は、大きさの割に浅いクレーターで、ほぼ同じ大きさのクラビウスが深さ5kmなのに対し、わずか1.5kmしかありません。内部は北西と南東側は暗く、中央部は明るいまだら模様になっているのが特徴です。中央部の明るい部分のクレーター密度年代は38.0億年前とオリエンタレベイスンの年代と一致するので、オリエンタレベイスンからの放出物であることがわかります。この上にある小クレーターは、いずれもオリエンタレベイスンとは反対側の方向に放出物をまき散らしているので、オリエンタレベイスンからの2次クレーターであることがわかります。その後に溶岩が噴出したため、まだら模様ができたのです。

シッカルトの南西にあるワルゲンチン(84km)は、クレーターのリムがほとんどなく、切り株のような形をした特徴あるクレーターです。クレーターリムは北側が約300m高く、かろうじて残っています。クレーター内を埋めている物質は水平なので溶岩だと考えられます。その表面を、ほかからの放出物が薄く覆ったために典型的な海の溶岩にくらべて明るくなったらしいのです。もし表面を覆った物質がオリエンタレベイスンからの放出物だとすれば、ワルゲンチンの溶岩の年代は38.0億年前よりも古いことになり、月の玄武岩質溶岩としては非常に古いものとなります。

145ページの写真の地平線近くには巨大なクレーター、ベイリー(287km)が見えます。クラビウス(227km)よりも大きく、横綱級のクレーターですが、40億年にできた古いクレーターのために内部やリムは激しく破砕されています。さらにその西には新鮮なクレーター、ハウゼン(167km)があります。ハウゼンは90°W、つまり表と裏の境に位置するクレーターで、秤動の条件が良くないとこのようには見えません。

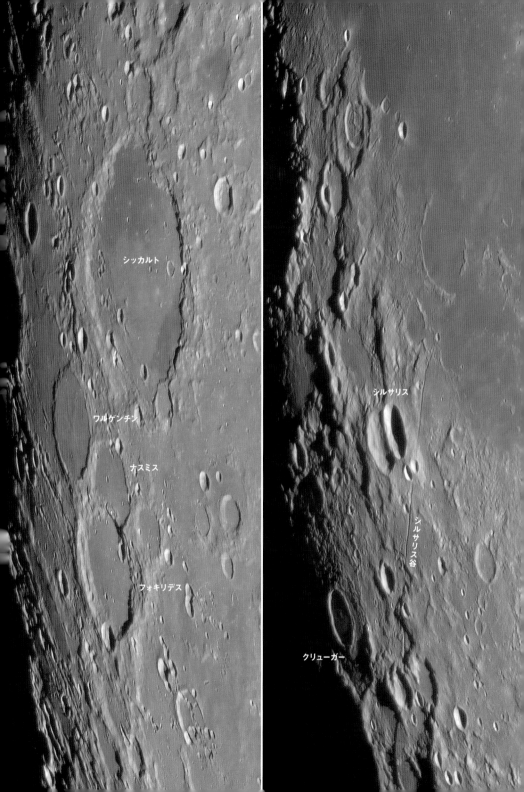

氷の海
丸くない海

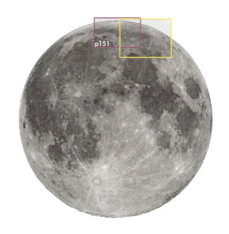

　アルプス山脈の北に横たわる氷の海は，奇妙な海です．海は円形で山脈に囲まれているのが普通なのに，氷の海は，死の湖の北から始まり虹の入江の北まで東西1800kmもあるのに，南北に250kmしかありません（→39ページ）．南側のアルプス山脈とも急崖で接しているわけでもなく，北側ではW.ボンドあたりではっきりした境なしに海が終わっています．

　氷の海の溶岩に埋められる前の凹地は，直径3200kmの巨大ベイスン（プロセラルムベイスン）の北部に相当することが日本の月周回衛星「かぐや」のデータからわかってきました．ベイスンの中心はコペルニクス付近と推定されています．裏側にある南極＝エイトケンベイスンよりもさらに古いベイスンで，形成後にインブリウムベイスンなど多数のベイスンができたために形が不明瞭になったのらしいのです．

　プラトー（95km）は52°Nにありますが，この緯度ぐらいまでが地球からは見やすい北限といえるでしょう（→151ページ）．アルプス山脈の上にあり，内部は暗色の溶岩に覆われているので17世紀の月面観測家ヘベリウスは「大黒湖」と名付けました．この暗い溶岩には濃淡がありますが，濃淡の原因の1つはアリストテレスなど周囲のクレーターからの光条が重なっているためです．口径20cmクラスの望遠鏡で良シーングに恵まれると，内部に5つの小クレーターが確認できます．

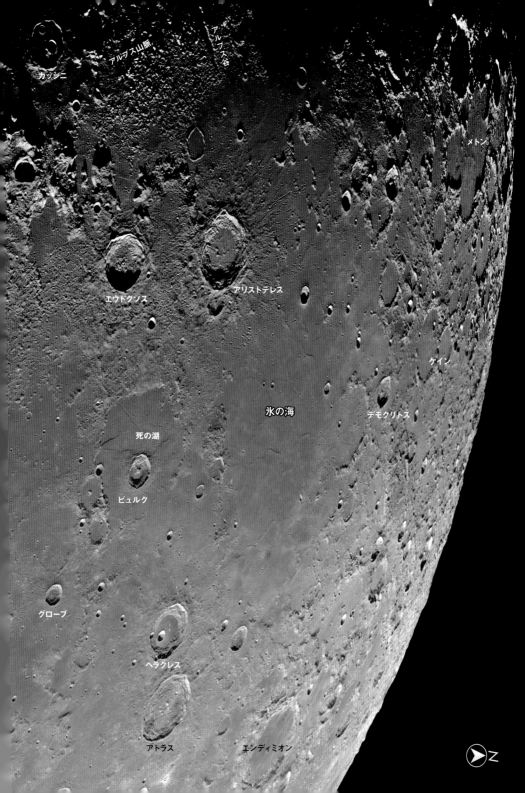

アルプス山脈の中には全長143km，幅11～14km，深さ約700mのアルプス谷があります．アルプス谷の平坦な谷底には蛇行谷があります．この蛇行谷は，アルプス谷の中央谷と呼ばれています．蛇行谷は，長時間同じ場所を溶岩が流れたために，溶岩の熱によって下の地層を溶かしてできた谷です．この蛇行谷を通して大量の溶岩が氷の海へ供給されました．

　幅1kmしかない中央谷が見えるかどうかは，アマチュア天文家が月面観測するときのチャレンジングな目標です．私が口径21cmの望遠鏡を使っていたときには，中央谷がはっきり見えた記憶がなく，良シーイングのときでもあるような気がする程度の見え方でした．口径35cmの望遠鏡を使うようになってからは，良シーイング時には見えることが多くなりました．欠け際近くにあるときよりもさらに数日たったときの方が見やすいようです．口径25cm程度の望遠鏡で良シーイング時にこの谷が認められるならば，その光学系は第一級とみなしてよいでしょう．

　この谷を最初に見た人は誰でしょうか．アルプス谷を最初に見た人はイタリア人の天文学者・司祭のフランシスコ・ビアンキニで，1727年のことです．中央谷は1796年，ドイツの天文学者ヨハン・H・シュレーターによって発見されました．使用した望遠鏡は，口径24cmの反射望遠鏡です．18世紀末には，光学性能では現在と遜色のない望遠鏡があったことがわかります．

　望遠鏡で中央谷を撮影できるようになったのは2000年頃のことです．PCカメラで毎秒数10枚で撮影した合計1000枚の画像をスタッキングし，画像処理する方法によって中央谷を鮮明に浮き出させました．この方法で月面を熱心に撮影しているのは，イギリス，フランス，イタリアなどのヨーロッパのアマチュアで，使用望遠鏡は口径25～40cmが多いようです．最近になって日米のアマチュアはようやく追いついた状況です．右の写真2点はこの方法によって撮影したものです．

　氷の海よりも高緯度は古くて不明瞭なクレーターが多い中で，ひときわ明るく輝く新鮮なクレーターがアナクサゴラス（51km）です．コペルニクスよりも若く，数億年前にできたクレーターだと考えられています．月の北極は秤動によって見え隠れしますが，この写真では北極がちょうど地平線に写っています．

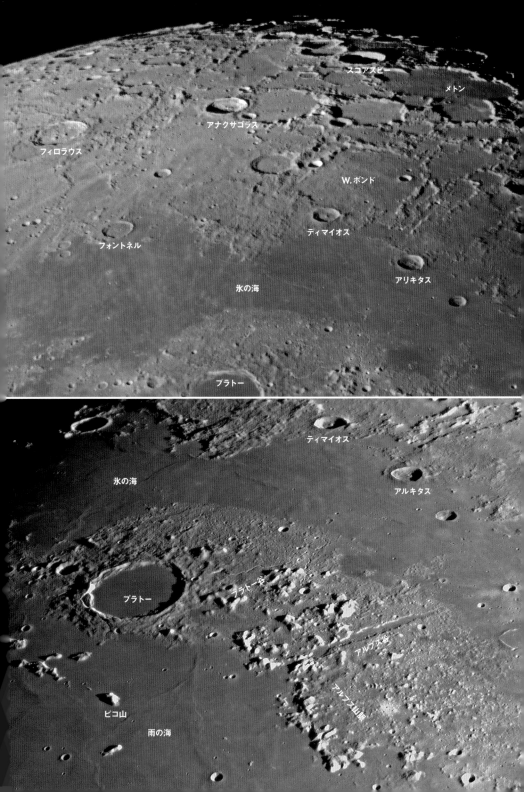

オリエンタレベイスン
3重構造の巨大クレーター

　グルマルディ(172km)は内部が溶岩で覆われた古いクレーターです．グルマルディは2重リングベイスン(グルマルディベイスンと呼ばれる)の内側リングで，直径460kmの外側リングも注意深く見るとわかります(白矢印)．グルマルディベイスンの西側は，オリエンタレベイスンの堆積物によって覆われています．

　グルマルディの南にはシルサリス(42km)がありますが，シルサリスを有名にしているのはクレーターではなく，シルサルス谷(長さ426km:147ページ参照)です．この谷は月面最長の谷で，いくつものクレーターを横切ってのびています．ところどころで分岐している様子は30cm級の望遠鏡でわかります．

　東の海は，中心経度が95°W，つまり月の西端よりもさらに5°裏側に回り込んだ場所に中心を持つ小さな海です．月の首振り運動(秤動)の条件が良いと，写真のように中心まで見ることができます．

　東の海が，3重の山脈に取り囲まれた多重リングベイスンの中にあることを発見したのは，アリゾナ大学で大学院生だったW.ハートマンです．彼は1962年，G.カイパーの指導で写真月面帳を制作していましたが，球面に月の写真を投影しているときにこのことに気付きました．1967年，アメリカのルナー・オービター4号が東の海を真上から撮影した写真(→155ページ)を見て，世界中の月研究者は驚きました．くっきりした3重リング構造が写し出されていたからです．以降，この構造はオリエンタレベイスンと呼ばれるようになります．

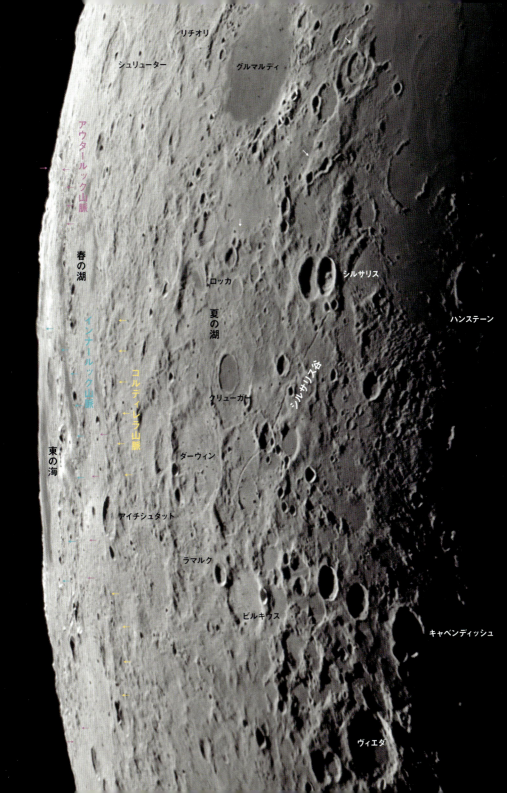

オリエンタレベイスンの内側から順にインナールック山脈(480km)，アウタールック山脈(620km)，コルディレラ山脈(直径930km)と呼ばれ，インナールック山脈内部にあるのが東の海です．インナールック山脈とアウタールック山脈の間にあるのが春の湖，アウタールック山脈とコルディレラ山脈にあるのが秋の湖です．「かぐや」の画像によるクレーター密度年代は，東の海の溶岩の噴出は38億〜30億年前でしたが，春の湖と秋の湖の噴出と22億〜20億年と若いことがわかってきました．

　オリエンタレベイスンをつくった大衝突では，周囲の地形に大打撃を与えました．右の写真でも，オリエンタレベイスン周辺の広い地域で，まともなクレーターがほとんど残っていないほど激しく破壊された様子がわかるでしょう．シュリューターやアイチシュタットは，オリエンタレベイスン形成後にできた新しいクレーターです．

　月には40以上のベイスンがありますが，古いベイスンでは後からできたベイスンの放出物によって不明瞭になったり，月内部の高温による形成後の変形のために，形成直後の地形がしだいに失われています．オリエンタレベイスンができた38.0億年前には月内部は充分固くなったので，後からの変形が少なく，溶岩に覆われた部分が少ないこと，新鮮な地形が残されていることなどの理由で，ベイスンの形成過程を調べるには最適の材料となりました．このような巨大衝突によってどのくらいの岩石が溶かされるか，どのような破片がどのようにまき散らされたかということが，オリエンタレベイスンの研究を通してよく理解されるようになりました．

　オリエンタレベイスンでは，①直径約50kmの小天体が20km/秒で衝突することによって直径約600km，深さ約60kmの一時的な巨大クレーターが出現(衝突の約1時間後)，②この巨大クレーターは重力的に不安的なために直後に崩壊，③中央部では大量の物質が急激に取り除かれたためにそれを補うための隆起，④隆起しすぎたために中央部が崩壊・周辺部で重力的な不安定部分が崩壊し，わずか数日後でこのような3重リング構造ができた，というシナリオが考えられています．

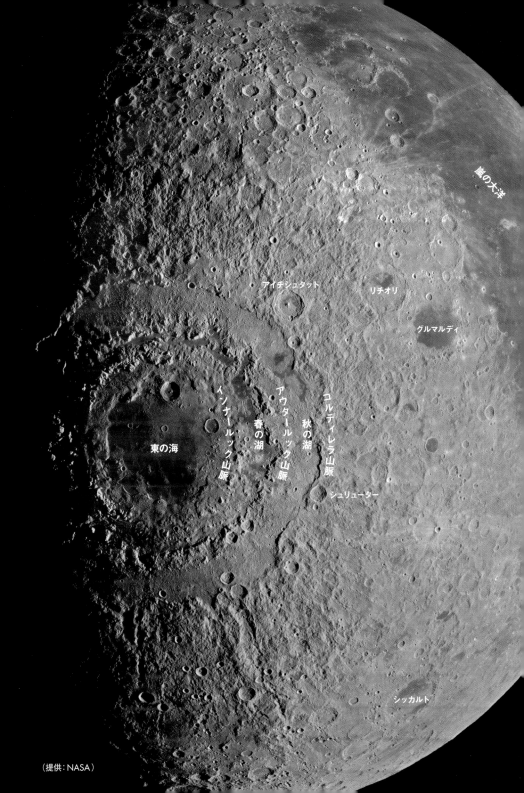
(提供：NASA）

東の周辺部
満月直後しか見えない秘境

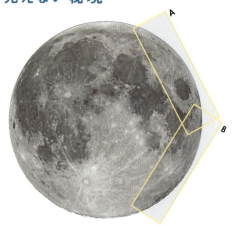

　ここでは月の東周辺部を見ます。どちらの写真にも危機の海が隅に写っているので位置関係がわかります。月は地球に同じ面を向けていますが、厳密にいうと月の軌道は楕円であることと月の赤道面が軌道面に対して6°傾いているために、首振り運動(秤動)で周辺部が見え隠れします。この写真は平均的に見えている状態です。

　月の東部の地形を見るためには、夕方の西空に見える三日月のとき、あるいは満月直後が好期となります。しかし月の縁にあって地形が圧縮されて見づらいので、マニア向けの地域です。私たちは明暗界線付近を注目しがちですが、海の分布を見るならば明暗差がわかればよいので、ときには月の縁辺部にも目を向けましょう。スミス海や南の海、あるいは西の縁にある東の海が大きく私たちの方に向いていることがあります。

　この地域で見応えのあるクレーターはガウスとフンボルトです。東西方向の秤動によって月の経度90°E±7°が見え隠れしますが、どちらのクレーターも80°E付近にありますから、いつでも見ることができます。しかし秤動の好時期に見るとびっくりするほど迫力があります。

　ガウス(171km)はややくたびれたクレーターですが、内部は溶岩で満たされ、環状の割れ目があります。フンボルト(199km)はガウスと同じ大きさですが、ガウスよりも新しくシャープです。複雑な中央丘をもち、クレーター底には放射状と環

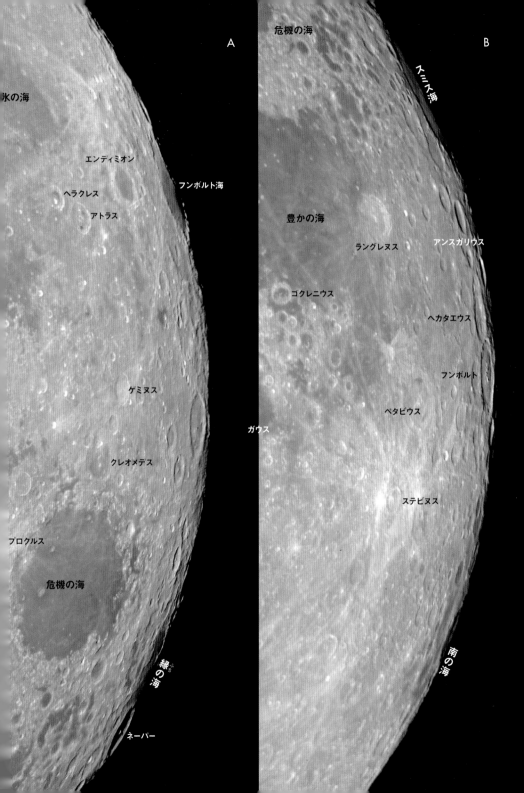

状と割れ目があり，一番外側は溶岩で覆われています．もしガウスが表側中央部にあったならば，月のクレーターのスーパースターになっていたことでしょう．

隠された古い海

　写真Bのラングレヌス（132km），ペタビウス（177km），ヘカタエウス，アンスガリウスで囲まれる地域に注目しましょう．この地域は，高地のような起伏にはありませんが海のようには暗くなく，「明るい平原（light plain）」と呼ばれています．

　この地域は，月周回探査機の画像から多数の暗いハロを持つクレーター（DHC）があることがわかりました．この地域のDHCは，小天体の衝突によって地下に埋もれた海の溶岩を掘り起こしてできた暗いハロです．かつての海が，周辺の高地での衝突によって明るい物質に覆われたため「明るい平原」になったのです．

　この「隠された海」の年代は，インブリウムベイスン（雨の海の凹地）が形成された38.5億年前よりも古く，月の表側のどの海よりも古いと推定されています．

海らしくない周縁部の海

　月の東周辺部にはフンボルト海，縁の海，スミス海，南の海の4つの海があります．フンボルト海はフンボルトベイスンの内部リング（直径275km）に溶岩が堆積した海です．LROの画像では，外側の直径600kmのリング構造も認められます．

　スミス海はスミスベイスン（360km, 800km）の内部リングに溶岩が堆積した海です．その北西にある縁の海は形が円形でなく，容器となったベイスンがあったかどうかは不明です．

　南の海もベイスンの内部に溶岩が堆積したということになっていますが，リング構造が不明瞭なので，40億年以上前の古いベイスンだと考えられます．ベイスンの形成後に多数のクレーターができ，その間をぬって溶岩が埋めたようです．

　東周辺部の4つの海は，堆積した溶岩量が少なく，表側の海のように暗色のはっきりとした輪郭を持つ海ではありません．また溶岩量が少なかったために，海をとりまく環状谷，内部のリンクルリッジなどもほとんどありません．地球に向いた側に厚く溶岩が堆積したために，私たちは望遠鏡でクレーター，海，山脈，谷などのさまざまな地形を楽しむことができるのです．

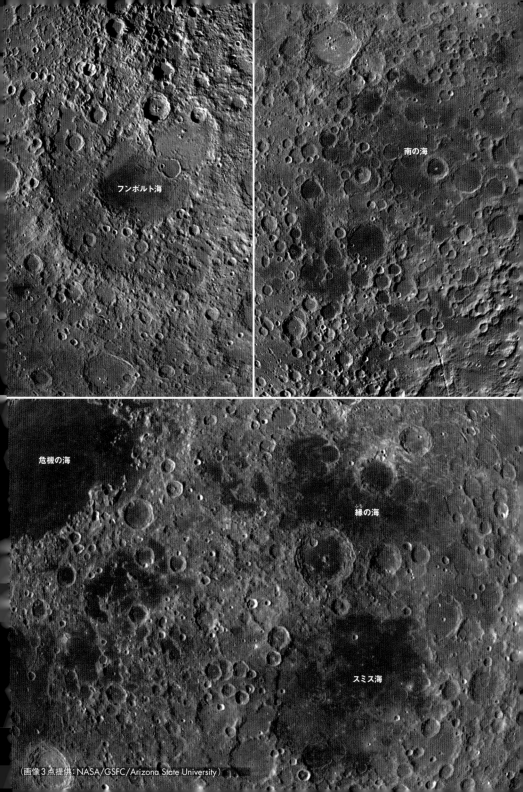

(画像3点提供：NASA/GSFC/Arizona State University)

月面図

［表］

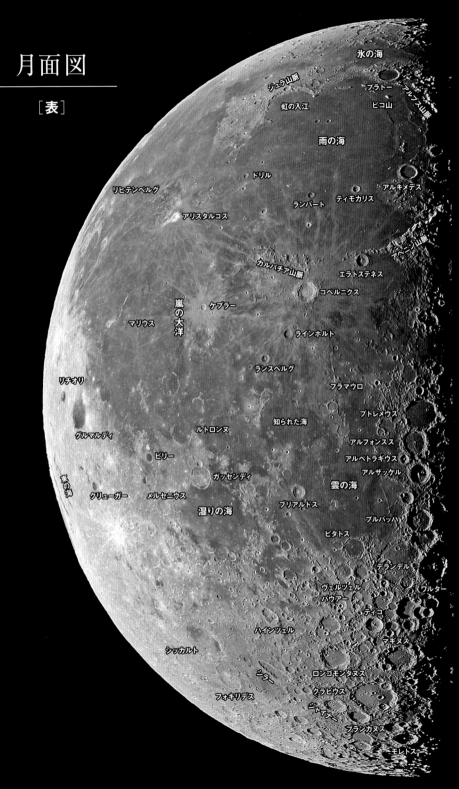

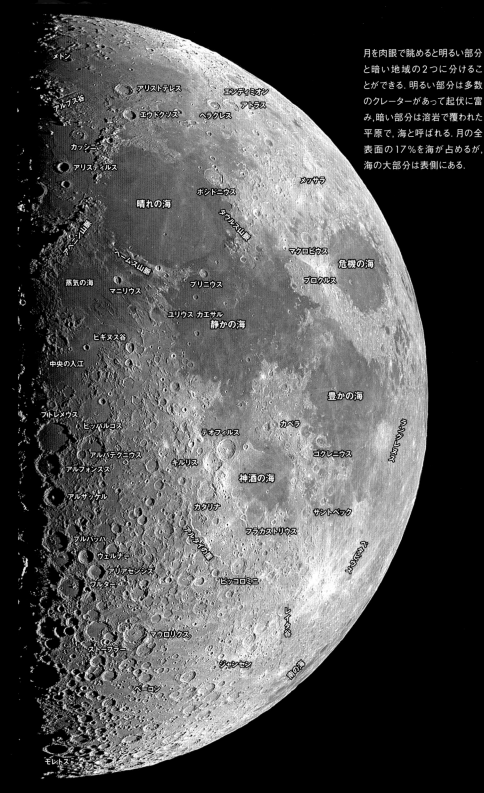

月を肉眼で眺めると明るい部分と暗い地域の2つに分けることができる．明るい部分は多数のクレーターがあって起伏に富み，暗い部分は溶岩で覆われた平原で，海と呼ばれる．月の全表面の17％を海が占めるが，海の大部分は表側にある．

月面図

［裏］

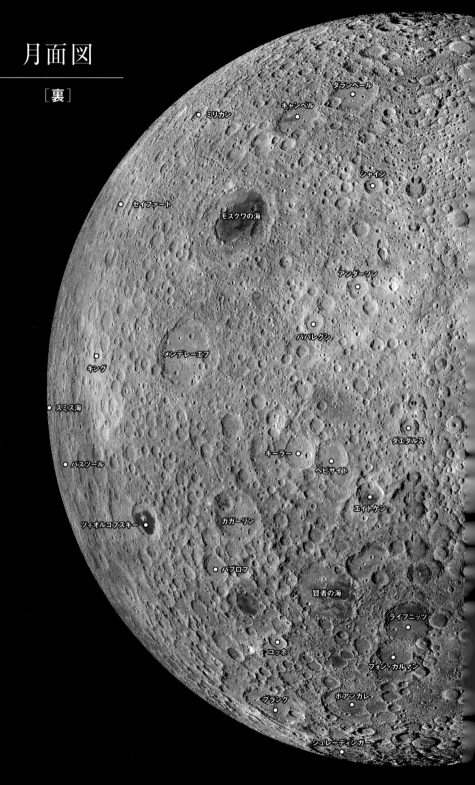

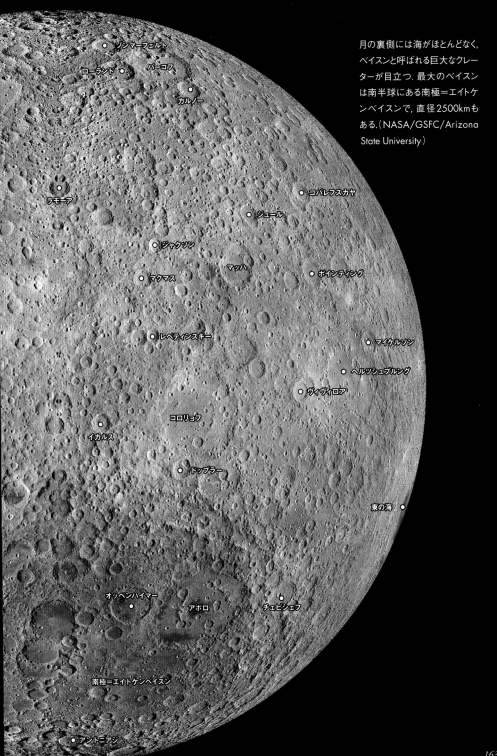

月の裏側には海がほとんどなく、ベイスンと呼ばれる巨大なクレーターが目立つ。最大のベイスンは南半球にある南極＝エイトケンベイスンで、直径2500kmもある。（NASA/GSFC/Arizona State University）

月面の標高図

[表]

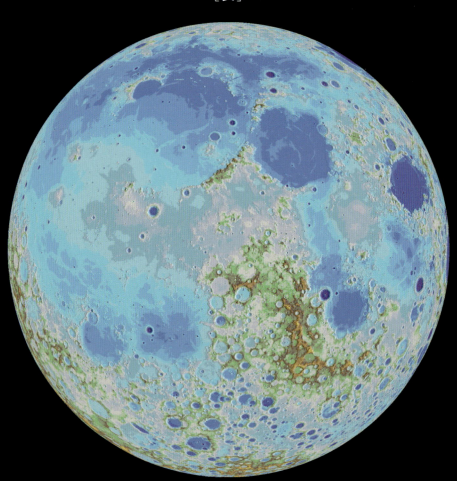

この図は月の標高をカラー化したもの．表側は起伏が少なく，裏側は起伏に富む．表側では，形のはっきりした雨の海，晴れの海，危機の海，神酒の海などの標高が低い．裏側では南極＝エイトケンベイスンが特に深く，月面の最低点（−9.6km）はその内部にある．裏側の赤道付近がとくに標高が高く，最高点（＋10.75km）はコロリョフベイスンの縁にある．月の直径は地球の4分の1に過ぎないが，標高差は20.35kmと大きい．（提供：NASA/GSFC/Arizona State University）

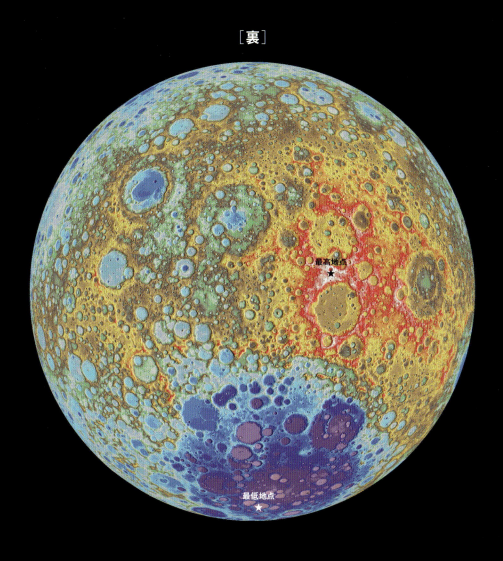

165

月面を楽しむための望遠鏡

望遠鏡の性能

　月を本格的に見るならやはり望遠鏡……と思っている人は多いでしょう．実際に望遠鏡ではおもしろいように月が見え，月齢順のページに掲載されている程度ならば口径6cm，エリア別ページに掲載されている程度ならば口径20cm以上の望遠鏡で見ることができます．しかし135ページで述べたように，口径や倍率が大きくなるほどシーイングの影響が大きくなるので，いつでも良く見えるわけではありません．

　望遠鏡の性能は，口径で決まります(もちろん加工精度の良し悪しもありますが)．使用できる最高倍率はセンチ(cm)で表わした口径の20倍程度です．つまり口径6cmでは120倍程度，口径20cmでは400倍程度となります．月全体を見るには50～80倍，拡大して月の一部分を見るには100倍以上が適しています．エリア別ページに掲載した写真が，およそ300倍で見た感じです．

　望遠鏡は倍率が高いので，肉眼で見るのにくらべて倍率の分だけ月の動きは速くなります．月は，その直径分だけ動くのに2分かかりますが，倍率が高いとすぐに視野からはずれてしまうので，月を追うための微動装置が付いている架台が便利です．架台はモーターの回転で追尾する電動式のものと手動式のものがありますが，最初は手動式の微動装置の付いているもので充分です．

月面を楽しむための望遠鏡

　口径15cm以上は欲しいものです．大別して屈折望遠鏡と反射望遠鏡がありますが，口径15cmとなると反射望遠鏡しか選択肢はありません．写真のような口径15cmの反射望遠鏡は，重量10kg以下で価格も10万円以下ですが，同じ口径の屈折望遠鏡は重量・価格ともに5倍以上にもなってしまうからです．

反射望遠鏡は光軸が狂いやすく,光軸修正がやっかいだといわれていますが,車に積んで移動するのでなければそれほど狂いやすいことはありません.光軸修正も何回か練習すれば,できるようになります.

　かつては自作されていたドブソニアンと呼ばれる望遠鏡が,最近では市販されるようになりました.ドブソニアンは微動装置のない経緯台に反射望遠鏡を載せたものです.回転部分にはテフロンなどを使って滑らかに動くように工夫されています.ドブソニアンならば口径20cmで重量20kg以下,10万円以下で購入できます.

　望遠鏡は格納場所から屋外に出さなければなりませんが,最初は意気込んでも望遠鏡が重ければ,だんだん出し入れがおっくうになります.以上の点から私は月を楽しむためには,写真のような2種類の望遠鏡をお薦めします.

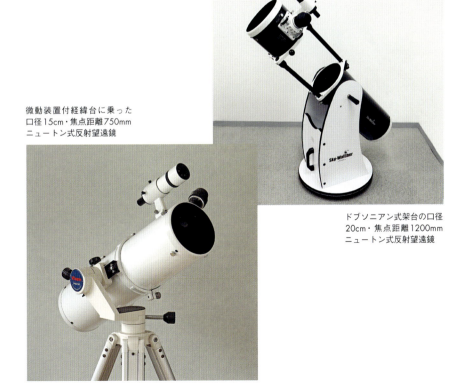

微動装置付経緯台に乗った口径15cm・焦点距離750mmニュートン式反射望遠鏡

ドブソニアン式架台の口径20cm・焦点距離1200mmニュートン式反射望遠鏡

LROで楽しむ月の名所

「LROC ACT –REACT QUICK MAP」(*http://target.lroc.asu.edu/q3/*)は，アメリカのルナー・リコナイサンス・オービター(LRO)のデータによって作られた月面図です．従来は，地球から見たような月面の正射図法と円筒図法が採用されていましたが，2017年10月に大幅に更新されて3Dでの表示ができるようになりました(更新内容は次のサイトを参照 *http://www.actgate.com/docs/lunar_quickmap_updates_guide.pdf*)．

英語のみの表示となりますが，ボタンなどを実際にクリックして試してみれば，簡単に操作することができます．ページの最初は月の表側全体の地図が表示されます．①をクリックすると投影法の選択画面が出てきます．3Dで操作し

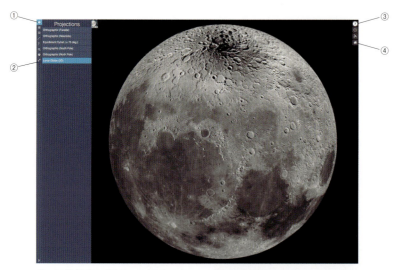

3Dでの操作画面．英語のみの表示となる

③をクリックしてシュレディンガーを指定したときの3D動画．さまざまな方向・高度から見ることができる

たいときは一番下の②Lunar Globe（3D）をクリックします．マウスのホイールをスクロールすると拡大されます。月全面は125mの解像度でカバーされ，さらにスクロールすると50cm解像度まで得られる地域もあります．159ページの月縁の画像は，このWebサイトの3Dを使用して作ったものです．

③をクリックしてから月面図で場所を指定すると，その地点を中心として回転する3D動画に変わります．この動画は拡大率や伏角が変更できます．ここまでくると，私たちがこれまで望遠鏡で悪シーイングと戦いながら月面を眺めていたのは一体何だったのだろうかと考えてしまいます．もどるのにはその下にあるホームボタン④をクリックします．

望遠鏡で見たような月面は，初期画面のOrthographic（Nearside）を選びます．⑤をクリックすると計測モードになります．直線をクリックしてから地図上の2点を指定するとその断面図と標高が，多角形をクリックしてから地図上の地形を多角形で囲むと面積が表示されます．

最初に出てくる正射投影の画面

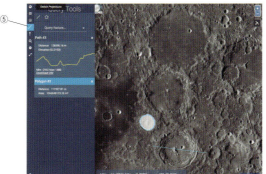

計測モードの画面

169

エリア別索引図

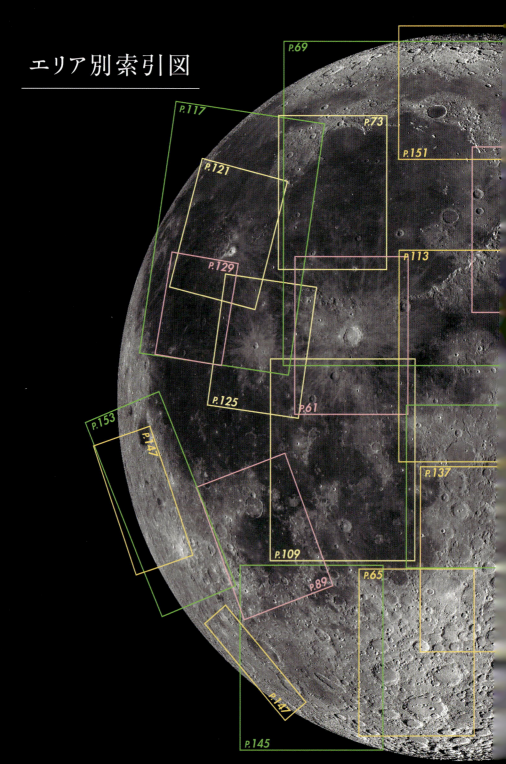

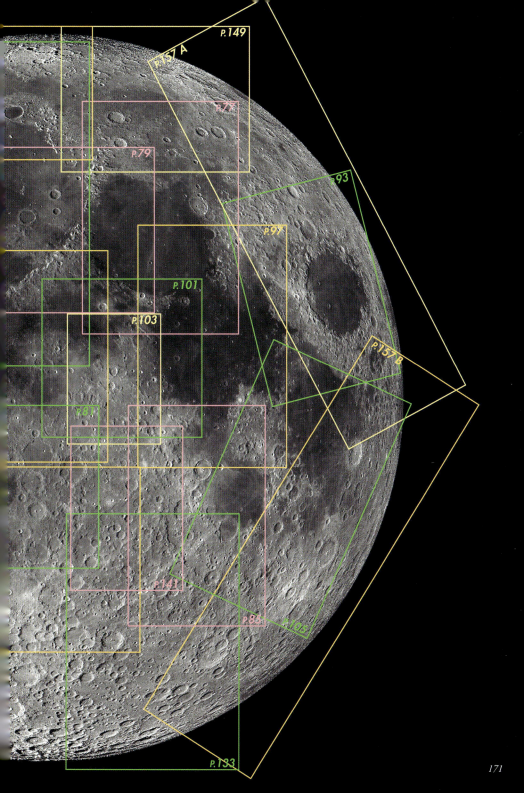

用語索引

DHC（暗斑とハロを持つクレーター）	36, 156
DMD（火山噴出物）	18, 90, 114
LRO	107, 168
LTP（月の異常現象）	116, 123

ア行	
暗斑	36, 82
インパクトメルト	32, 34, 48, 86, 87
インブリウムベイスン	22, 68, 80, 136
オリエンタレベイスン	52, 144, 152

カ行	
かぐや（日本の月周回衛星）	33, 107, 119, 148, 154
火山性クレーター	64, 67, 102
カルデラ	64, 75, 112, 114
環状割れ目	52, 158
クリシウムベイスン	92
クレーター	67, 91, 115
クレータの飽和	134
月面余経度	63
月齢	8, 13, 21
ケイリー平原	140
光条	70

サ行	
シーイング	135
時代区分	71
衝突クレーター	66, 67
新月	8, 13, 58
スウォール	130
スコリア丘	128, 131
セレニタティスベイスン	18

タ行	
蛇行谷	120, 122, 150
縦穴	42, 119
盾状火山	124, 127
地溝	22, 24, 90, 100
中央丘	48
トランキリタスベイスン	44

ナ行	
南極＝エイトケンベイスン	134

斜め衝突	134, 138
2次クレーター	62
ヌビウムベイスン	108
ネクタリスベイスン	16, 84, 104, 132

ハ行	
秤動	49
プロセラルムベイスン	148
放射状の谷	8, 78
放射状割れ目	52

ヤ行	
溶岩トンネル	119, 122
溶岩流	72, 74, 75, 118

ラ行	
リッジ	18, 76
リンクルリッジ	18, 100, 102
ルナー・リコナイサンス・オービター	107

地形索引

DHC	36, 156
G.ボンド谷	22, 76
W.ボンド	22, 149
J.ハーシェル	50
ア行	
アイチシュタット	154
愛の入江	14, 96
アウタールック山脈	154
秋の湖	111, 154
アグリコラ山脈	120
アグリッパ	44
アサダ	40
アトラス	18
アナクサゴラス	36, 150
アブールフィダ	138
アペニン山脈	22, 26, 46, 68
アポロニウス	94
雨の海	26, 30, 68, 72
アラゴ	102
嵐の大洋	30, 116
アリアセンシス	24, 136
アリアディウス	100
アリアデウス谷	24, 100, 102
アリスタルコス	36, 50, 116, 120
アリスタルコス台地	116, 120
アリスティルス	26, 68
アリストテレス	22, 148
アルキメデス	28, 68
アルザッケル	24, 28, 80
アルタイの崖	20, 44, 86
アルフォンスス	24, 28, 48, 80
アルプス山脈	26, 148
アルプス谷	22, 26, 148, 150
アルペトラギウス	48, 138
アルマノン	86
インナールック山脈	154
ウェルナー	24, 136
エウドクソス	26
エラトステネス	28, 46, 70
エルミナート	94

エンケ	32, 124
エンディミオン	18
オイラー	30, 70, 74
オートリクス	68
カ行	
ガウス	158
カタリナ	20, 44, 84
カッシニ	26, 68
ガッセンディ	32, 88
カペラ	84
カリーニ	72
ガリレイ	52
カルパチア山脈	30, 68
ガンバール	60
危機の海	8, 14, 38, 92
キリルス	20, 44, 84
グーテンベルグ	16
雲の海	28, 108
クラビウス	28, 48, 66, 132, 138
グルマルディ	52, 91, 152
クレオメデス	14, 38, 92
ケイリー	140
ケイリー平原	140
ゲイリュサックA	62
ゲーリケ	110
ケプラー	32, 36, 124
ゲミヌス	38, 92
ゲンマフリシウス	86
荒涼の入江	96
コーカサス山脈	76
コーシー	96
コーシー崖	16, 96
コーシー谷	14, 96
氷の海	42, 148
ゴセレニウス	40
コノン谷	114
コペルニクス	30, 34, 36, 46, 60, 68, 70, 124
コルディレラ山脈	154
コロンブス	40

173

コンドルセ	94
サ行	
サーペンティンリッジ	76
サグート	132
サクロボスコ	86, 132
サセリデス	66
サビン	102
静かの海	18, 42, 96, 100
シッカルト	52, 146
死の湖	38
湿りの海	32, 88
シャイナー	66
ジャンセン	16, 20
シュレーター谷	120
シュリューター	154
蒸気の海	24, 114
シラー	32, 144
シルサリス	152
シルサリス谷	152
ズキウス	144
ステビヌス	16, 106
ステビヌスA	36, 106
ストーフラー	24
スネリウス	16, 104
スミス海	8, 14, 158
セグナー	144
ソシゲネス谷	100
夕行	
タウルス山脈	42, 76
中央の入江	22, 40, 48, 112
調和の入江	96
直線壁	110
露の入江	50
ティコ	32, 34, 48, 66, 132
ティモカリス	30
テオフィルス	20, 36, 44, 84
デカルト	140
テビト	48
デランデル	28, 136
ドッペルマイヤー	52, 90

ドッペルマイヤー谷	90
トリスネッカー	114
トリスネッカー谷	114
トリチェリ	20
ナ行	
ナオノブ	40
虹の入江	30, 46, 72
ハ行	
ハウゼン	146
バート	110
バート谷	110
ハイパティア谷	100
ハインツェル	32, 144
バリー	108
パルミエリ谷	90
晴れの海	18, 36, 37, 76
東の海	52, 152
ヒギヌス	24, 112
ヒギヌス谷	24, 99, 102, 112
ピコ山	46
ピタゴラス	50
ピタトス	32
ピッコロミニ	20, 84, 86
ヒッパルコス	24, 80
ヒッパルス	88
ヒッパルス谷	88
ピテアス	30
ビテロ	88
ビテロビウス	76
ピトン山	46
ビュルク	38
ビリー	52
ピレネー山脈	44
ファウト	62
フィルミクス	94
フェンデリヌス	104
プトレメウス	24, 28, 48, 80
フラカストリウス	44
プラトー	26, 68, 83, 91
フラマウロ	108

フラマウロ丘陵	28, 34, 110, 111, 140, 142
フラマリオン	80
ブランキヌス	66, 136
ブリアルドス	32, 108
プリニウス	42
プリンツ	50
フルネリウス	8, 16, 104
フルネリウスA	36, 106
フルネリウス谷	8
ブルバッハ	48
プロクルス	18, 37, 94
フンボルト	8, 16, 158
フンボルト海	14, 158
ベイリー	146
ヘームス山脈	24, 76
ペタビウス	8, 16, 156
ヘラクリデス岬	46, 72
ヘラクレス	18
ヘリコン	70
ヘロドトス	120
ボーデ谷	114
ポシドニウス	18, 76
ホルテンシウス	126
ボンブラン	108

マ行

マウロリクス	44
マギヌス	28
マクドナルド	72, 74
マクリアー谷	100
マスケリン	20
マリウス	128
マリウス丘	50, 119, 128
マリニウス	42
神酒の海	18, 20, 44, 84
ミキリウス	126
緑の海	158
南の海	16, 158
メシエ	20, 106
メッサラ	14, 38

メルセニウス谷	90
モレトス	28

ヤ行

豊かの海	16, 104
夢の湖	38, 76, 94, 111
ユリウス　カエサル	44

ラ行

ライナーγ	52
ライプニッツ山脈	134
ラインホルト	32
ラカーユ	136
ラプラス岬	46, 72
ラムスデン谷	90
ラモント	18, 100, 102
ラングレヌス	8, 16, 40, 104, 156
ランスベルグ	32
ランバート	30, 70
リービッヒ崖	90
リービッヒ谷	90
リチオリ	91
リッター	102
リティウス	86
リトロー峡谷	78
リヒテンベルグ	118
リュンカー山	118
リンデナウ	86
リンネ	78
ルベリエ	70
レイタ谷	16, 20
レオミュール	80
レーマー谷	76
ロートマンG	86
ロンゴモンタヌス	32

ワ行

ワルゲンチン	146
ワルター	48, 136

白尾元理　Motomaro Shirao

写真家・サイエンスライター。1953年、東京生まれ。東北大学理学部卒業、東京大学理学系大学院修士課程終了。高校時代にアポロ11号の月着陸に感動し、大学・大学院で地質学・火山学を専攻。1986年の伊豆大島噴火をきっかけに写真家を志す。以来、世界40か国の火山、地形、地質などの写真を撮影・出版。
著書:『新版日本列島の20億年 景観50選』(2009, 岩波書店)、『双眼鏡で星空ウォッチング』(2010, 丸善)、『地球全史 写真が語る45億年の奇跡』(2012, 岩波書店)、『地球全史の歩き方』(2013, 岩波書店)、『火山全景 写真でめぐる世界の火山地形と噴出物』(2017, 誠文堂新光社)、『ゆかいなイラストですっきりわかる 月のきほん』(2017, 誠文堂新光社)

装丁・デザイン:PULL/PUSH 片岡修一
図版:和泉奈津子
撮影協力:シュミット
編集協力:戸島璃葉、中野博子

クレーター、海、山脈 月の地形を裏側まで解説
月の地形観察ガイド　　　　NDC440

2018年8月13日　発行

著　者	白尾元理
発行者	小川雄一
発行所	株式会社 誠文堂新光社
	〒113-0033　東京都文京区本郷3-3-11
	(編集)電話03-5805-7761
	(営業)電話03-5800-5780
	http://www.seibundo-shinkosha.net/
印刷所	株式会社 大熊整美堂
製本所	和光堂 株式会社

©2018, Motomaro Shirao.　　　　　　　　　Printed in Japan

(本書掲載記事の無断転用を禁じます)　　　検印省略
万一乱丁・落丁本の場合はお取り替えいたします。

本書のコピー、スキャン、デジタル化等の無断複製は、著作権法上での例外を除き禁じられています。本書を代行業者等の第三者に依頼してスキャンやデジタル化することは、たとえ個人や家庭内での利用であっても著作権法上認められません。

JCOPY <(社)出版者著作権管理機構 委託出版物>
本書を無断で複製複写(コピー)することは、著作権法上での例外を除き、禁じられています。本書をコピーされる場合は、そのつど事前に、(社)出版者著作権管理機構(電話03-3513-6969/FAX 03-3513-6979/e-mail:info@jcopy.or.jp)の許諾を得てください。

ISBN978-4-416-71814-8